工程力学实验指导教程

主　编　张作合
副主编　李　凯　蔺宏岩　康春霞

黄河水利出版社
·郑州·

内容提要

本书包含材料力学实验和结构力学实验两部分。材料力学实验包括构件认识及测量实验、拉伸实验、压缩实验、圆轴扭转实验、纯弯曲梁正应力实验、等强度梁实验、弯扭组合主应力实验、压杆稳定实验等。结构力学实验包括杆件结构的基本要素及实验装置的加载测试原理、结点性质的对比实验、内力及结点位移验证实验——典型桁架结构静载实验、构件内力分布及挠度测试实验——H 型钢梁弯曲实验、内力及结点位移验证实验——焊接钢桁架结构静载实验、内力及结点位移验证实验——球结点钢桁架结构静载实验等。

图书在版编目(CIP)数据

工程力学实验指导教程/张作合主编．—郑州：黄河水利出版社,2023.3

ISBN 978-7-5509-3537-2

Ⅰ.①工…　Ⅱ.①张…　Ⅲ.①工程力学-实验-高等学校-教材　Ⅳ.①TB12-33

中国国家版本馆 CIP 数据核字(2023)第 056203 号

组稿编辑:王志宽　电话:0371-66024331　E-mail:27877394@qq.com

出 版 社:黄河水利出版社　　网址:www.yrcp.com

地址:河南省郑州市顺河路黄委会综合楼 14 层　　邮政编码:450003

发行单位:黄河水利出版社

发行部电话:0371-66026940、66020550、66028024、66022620(传真)

E-mail:hhslcbs@126.com

承印单位:河南承创印务有限公司

开本:787 mm×1 092 mm　1/16

印张:6.75

字数:156 千字

版次:2023 年 3 月第 1 版　　印次:2023 年 3 月第 1 次印刷

定价:28.00 元

前 言

《工程力学实验指导教程》是基于我国现代本科高等学校向应用型大学转型发展的新形势,针对培养符合社会需求的技术技能型工程人才的教育目标,为满足应用型本科教育而编写的。本书编写过程中始终贯穿让党的二十大精神入脑入心、成为学生的思想和行动自觉这一标准,确保习近平新时代中国特色社会主义思想和党的二十大精神进教材落实到位,发挥铸魂育人实效。

工程力学实验是多数工科专业开设的重要工程实践课程,在教学过程中受到广泛重视。本书的编写,以《普通高等学校水利类专业教学大纲》的要求为依据,结合现代高等教育人才培养的目标,以及编者多年的教学改革实践,在强调工程力学的基本内容基础上,增加更多的工程应用内容,使教材具有经典理论、现代应用的特色。

考虑到知识结构的不断更新和工程实际的需要,本书在保证原有工程力学体系的系统性和完整性的前提下,根据专业需要,在内容上进行了更新和重组,以满足现代水利工程专业人才知识结构的需求。

本书包含了材料力学实验和结构力学实验两部分。材料力学实验包括构件认识及测量实验、拉伸实验、压缩实验、圆轴扭转实验、纯弯曲梁正应力实验、等强度梁实验、弯扭组合主应力实验、压杆稳定实验等。结构力学实验包括杆件结构的基本要素及实验装置的加载测试原理、结点性质的对比实验、内力及结点位移验证实验——典型桁架结构静载实验、构件内力分布及挠度测试实验——H 型钢梁弯曲实验、内力及结点位移验证实验——焊接钢桁架结构静载实验、内力及结点位移验证实验——球结点钢桁架结构静载实验等。

本书由从事多年工程力学实验课程教学工作的教师编写,教材内容体现了多位一线教师的教学经验和教学特色。在编写过程中,各位教师广泛参考了国内外优秀教材,在内容选用上力求具有工程特色。本书由绥化学院农业与水利工程学院张作合主编,绥化学院农业与水利工程学院李凯、蔺宏岩、康春霞为副主编。具体编写分工如下:张作合负责编写第一部分实验一至实验八及参考文献等附文(共计 11.2 万字);李凯负责编写第二部分实验一和实验二(共计 1.9 万字);蔺宏岩负责编写第二部分实验三和实验四(共计 1.2 万字);康春霞负责编写第二部分实验五和实验六(共计 1.3 万字)。本书由张作合统稿并定稿。绥化学院周利军教授审阅了书稿,并提出了许多宝贵意见,在此谨致谢忱!

本书的编写得到了绥化学院农业与水利工程学院水力教研室的支持,也得到了烟台大学工程力学实验中心的大力支持,在此一并表示衷心感谢!

在编写本书的过程中,编者参考、借鉴了许多专家、学者的相关著作,对于引用的段落、文字尽可能一一列出,谨向各位专家、学者一并表示感谢。

限于水平,书中难免有疏漏和不妥之处,敬请专家和读者批评指正,以使教材日臻完善。

作　者

2023 年 3 月

目　录

工程力学实验教学方案

工程力学实验是材料力学课程教学的重要实践性环节之一。

一、实验的流程

(一)查阅相关资料,完成预习报告

实验课前,需单独预习《工程力学实验指导教程》,了解实验目的、实验设备、实验原理、实验步骤等,了解实验过程,完成实验预习报告。

(二)提交预习报告,回答相关问题

在上实验课时,分组提交预习报告,由实验指导教师检查预习报告情况,并按如下方式处理:

(1)若实验预习报告通过审核,可以进行实验。

(2)若实验预习报告首次检查不合格,在 30 min 内修改后经检查通过的也可进行实验。

(三)分组实验

实验分组进行,每组 3~4 人,每次实验要保持小组成员的一致性,实验报告中须如实填写小组成员组成。实验过程中根据自身的情况,调整实验各部分需要的时间,保证在规定时间内完成实验。实验小组每个成员要分工明确、密切配合、仔细观测实验现象、严格按规程操作、如实记录实验数据。

(四)实验后续工作

实验完成后,需将实验现场恢复到实验前的状态。如有物品损坏或丢失应及时上报,并做相应记录,同时填写设备使用记录。

(五)完成实验报告

依据相应的要求,准确填写实验原始数据,计算实验结果,回答实验报告中的相关问题,完成实验报告。

二、实验评分原则

1. 实验课成绩记入考试成绩,满分 20 分。由预习报告、实验报告和实验考核三部分组成。

2. 实验预习报告中出现下列情况之一者,该项成绩按 0 分计:

(1)照抄或提供样本供他人照抄的。

(2)上实验课前未完成实验预习报告的。

(3)实验预习报告不合格导致不能在规定时间内完成实验的。

3. 实验过程中须尽量保持安静并严格按照实验指导书中要求的操作规程进行。出现下列情况之一者,该项成绩按 0 分计:

(1)未按规程操作,导致人员受伤或设备损坏的。

(2)未按规程操作,导致试件已经破坏未采集到准确实验数据,需重新进行实验的。

(3)不遵守课堂纪律、从事其他与实验无关操作等导致干扰他人实验的。

(4)其他不利于实验教学正常进行的事件。

4. 须按有关要求认真填写实验报告,报告中不允许出现低级错误或原则性错误。出现下列情况之一者,该项成绩按0分计:

(1)照抄或提供样本供他人照抄的。

(2)捏造虚假实验数据、原始数据出现重大偏差未能及时发现或找不到准确原因的、实验结果(结论)有严重错误的、未按要求对实验结果进行修约处理的。

(3)字迹潦草,报告不整洁的。

(4)出现其他低级错误或原则性错误的。

三、实验课需遵守的其他规定

1. 迟到的学生不得进行实验,需再约定其他时间进行实验。

2. 操作失误导致需追加试件进行补做的破坏性实验,若当堂课剩余时间无法补做,需另找时间进行补做。

四、实验地点

实验地点为工程力学实验室。

未尽事项按学校有关规定执行。

第一部分　材料力学实验

实验一　构件认识及测量实验

一、实验目的

1. 认识不同实验所用构件，能够区分低碳钢和铸铁材料。

2. 能测量不同构件的尺寸和质量。构件包括拉伸实验构件（低碳钢、铸铁）、压缩实验构件（低碳钢、铸铁）、扭转实验构件（低碳钢、铸铁）。

二、实验仪器设备

游标卡尺、电子秤等。

三、实验步骤

游标卡尺是工业上最常用于测量长度的工具，可直接用来测量精度较高的构件，如构件的宽度、内径、外径以及深度等（见图 1-1-1）。

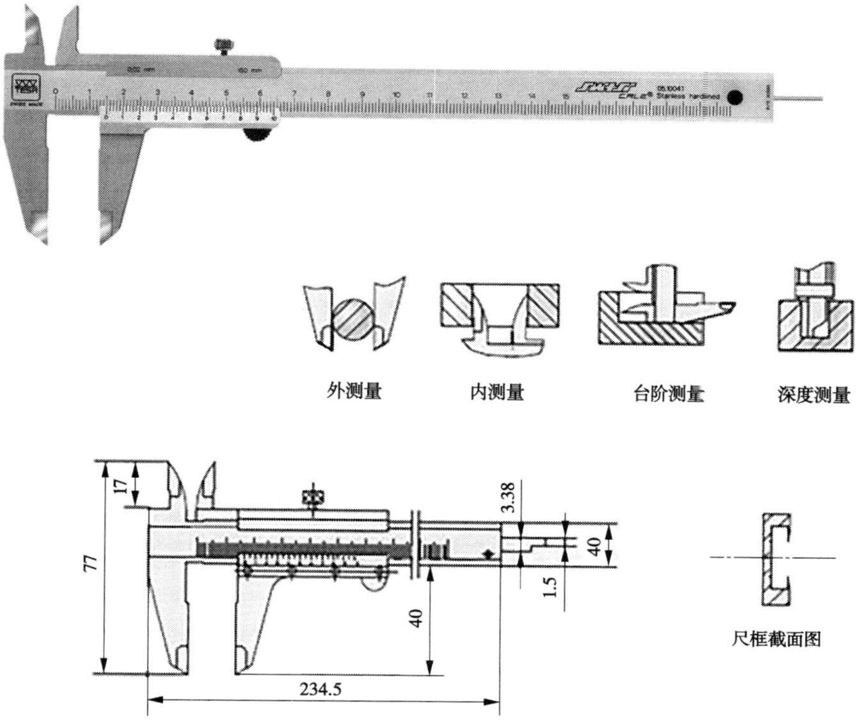

图 1-1-1　游标卡尺　（单位：mm）

游标卡尺作为一种被广泛使用的高精度测量工具，它由主尺和附在主尺上能滑动的游标两部分构成。如果按游标的刻度值来分，游标卡尺又分 0.1 mm、0.05 mm、0.02 mm 三种。

(一) 游标卡尺的读数方法

以刻度值 0.02 mm 的精密游标卡尺为例，读数方法可分三步：

(1) 根据副尺零线以左的主尺上的最近刻度读出整毫米数。

(2) 根据副尺零线以右与主尺上的刻度对准的刻线数乘上 0.02 读出小数。

(3) 将上面整数和小数两部分加起来，即为总尺寸。

如图 1-1-2 所示，副尺零线所对主尺前面的刻度为 8 mm，副尺零线后的第 21 条线与主尺的一条刻线对齐。副尺零线后的第 21 条线表示：$0.02\times21=0.42$(mm)，所以被测工件的尺寸为：$8+0.42=8.42$(mm)。

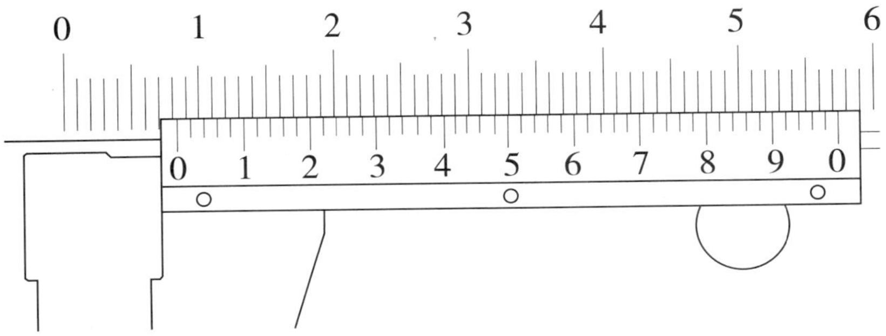

图 1-1-2　0.02 mm 精密游标卡尺的读数方法

(二) 游标卡尺的使用方法

将卡脚并拢，查看副尺和主尺身的零线是否对齐。如果对齐就可以进行测量；如果没有对齐则要记取零误差：副尺的零线在尺身零刻度线右侧的叫正零误差，副尺的零线在尺身零线左侧的叫负零误差(这种规定方法与数轴的规定一致，原点以右为正，原点以左为负)。

测量时，右手拿住尺身，大拇指移动副尺，左手拿待测外径(或内径)的物体，使待测物位于外量爪之间，当与量爪紧紧相贴时，即可读数，如图 1-1-3 所示。

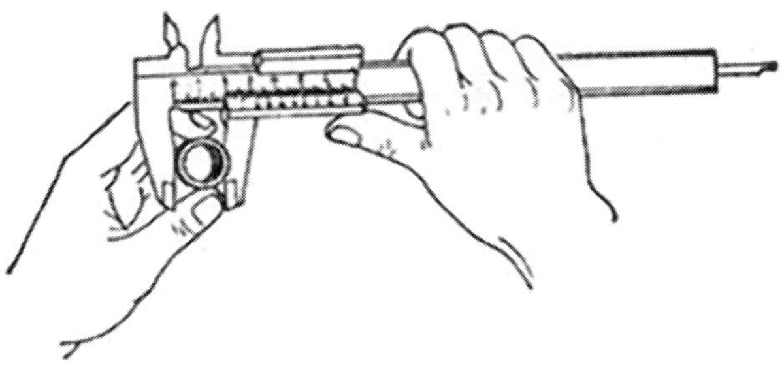

图 1-1-3　游标卡尺测量方法

(三)游标卡尺的应用

游标卡尺作为一种常用量具,可用于测量工件宽度、外径、内径和深度,测量方法见图 1-1-4。

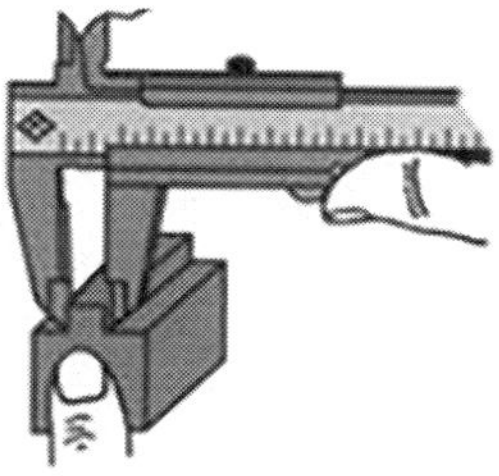

(a)测量工件宽度

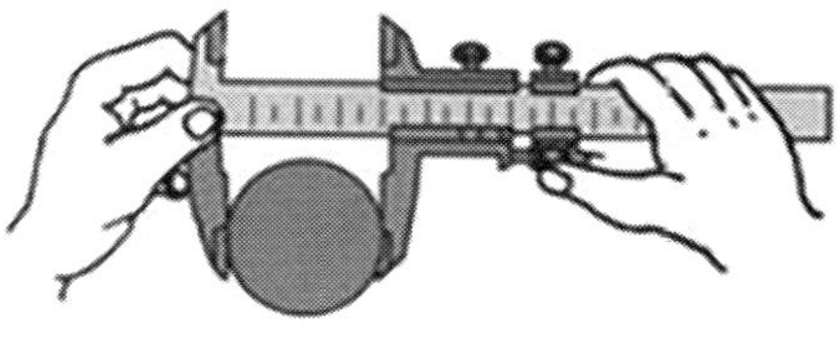

(b)测量工件外径

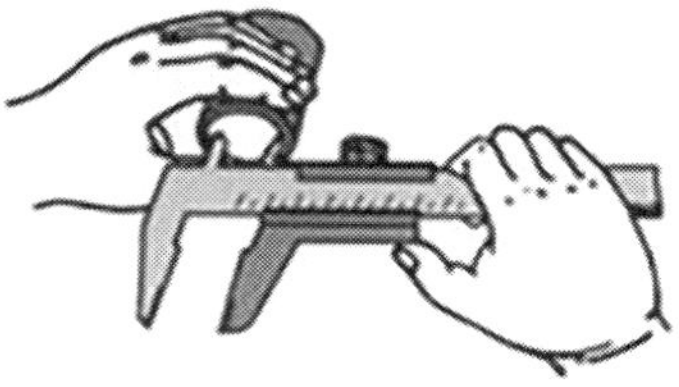

(c)测量工件内径

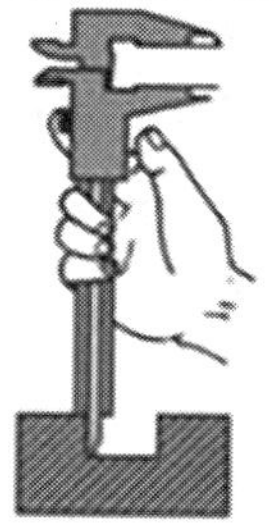

(d)测量工件深度

图 1-1-4　工件宽度、外径、内径和深度的测量

(四)使用注意事项

游标卡尺是比较精密的量具,使用时应注意如下事项:

(1)使用前,应先擦干净两卡脚测量面,合拢两卡脚,检查副尺零线与主尺零线是否对齐,若未对齐,应根据原始误差修正测量读数。

(2)测量工件时,卡脚测量面必须与工件的表面平行或垂直,不得歪斜,且用力不能过大,以免卡脚变形或磨损,影响测量精度。

(3)读数时,视线要垂直于尺面,否则测量值不准确。

(4)测量内径尺寸时,应轻轻摆动,以便找出最大值。

(5)游标卡尺用完后,仔细擦净,抹上防护油,平放在盒内,以防生锈或弯曲。

四、原始数据记录

将实验原始数据记录在表 1-1-1、表 1-1-2 中。

表 1-1-1　构件形状三视图

材料	低碳钢	铸铁
拉伸实验构件		
压缩实验构件		
扭转实验构件		

表 1-1-2　构件质量和尺寸测量

项目		质量/g	平均直径/mm		
拉伸实验构件	低碳钢		上部		
			中部		
			下部		
	铸铁		上部		
			中部		
			下部		
压缩实验构件	低碳钢		上部	—	
			中部		
			下部	—	
	铸铁		上部	—	
			中部		
			下部	—	
扭转实验构件	低碳钢		上部		
			中部		
			下部		
	铸铁		上部		
			中部		
			下部		

五、思考题

1. 识别拉伸实验构件的方法有几种？如何进行识别？

2. 压缩实验构件能否通过听声音的方法识别？若不能需要通过哪种方法进行识别？

3. 识别扭转实验构件的方法有几种？如何进行识别？

实验二　拉伸实验

常温、静载作用下的轴向拉伸实验是测量材料力学性能中最基本、应用最广泛的实验。通过拉伸实验,可以全面地测定材料的力学性能,这些性能指标对材料力学的分析计算、工程设计、选择材料和新材料开发都有极其重要的作用。

一、实验目的

1. 测定低碳钢在拉伸时的屈服极限 σ_s、强度极限 σ_b、延伸率 δ 和断面收缩率 φ。

2. 测定铸铁的强度极限 σ_b。

3. 观察上述两种材料在拉伸过程的各种实验现象(包括屈服、强化、颈缩及断裂),并绘制拉伸实验的 $F-\Delta L$ 曲线和 $\sigma-\varepsilon$ 曲线。

4. 分析比较低碳钢(典型塑性材料)和铸铁(典型脆性材料)的力学性能特点与试件破坏特征。

5. 了解实验设备的构造和工作原理,掌握其使用方法。

二、实验设备

1. 万能材料试验机(见图 1-2-1)。

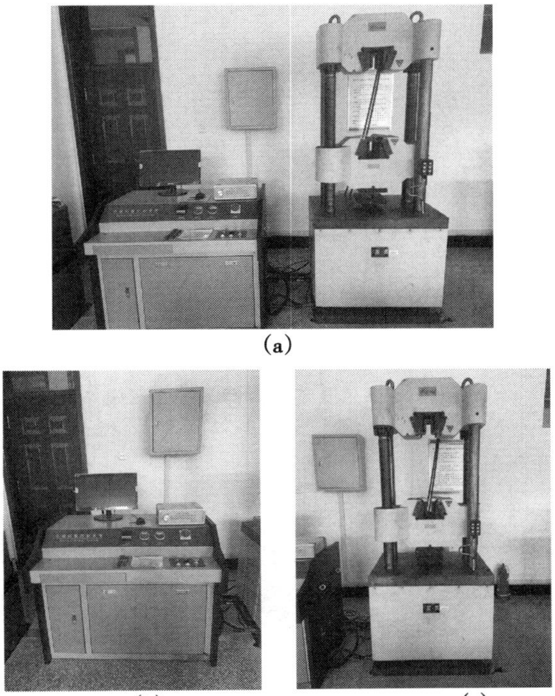

(a)　(b)　(c)

图 1-2-1　万能材料试验机

2. 游标卡尺。

3. 直尺。

三、实验原理

对一确定形状试件两端施加轴向拉力，使有效部分为单轴拉伸状态，直至试件拉断，在实验过程中通过测量试件所受荷载及变形得到其关系曲线并观察试件的破坏特征，依据一定的计算及判定准则，可以得到反映材料拉伸实验的力学指标，并以此指标来判定材料的性质。为便于比较，选用直径为 10 mm 的典型塑性材料低碳钢及典型脆性材料铸铁标准试件进行对比实验。常用的试件形状如图 1-2-2 所示，实验前在试件标距范围内有均匀的等分线。

图 1-2-2　拉伸试件

（一）低碳钢拉伸实验

低碳钢拉伸 $F-\Delta L$ 曲线如图 1-2-3 所示，低碳钢试件拉伸实验断口形式如图 1-2-4 所示。

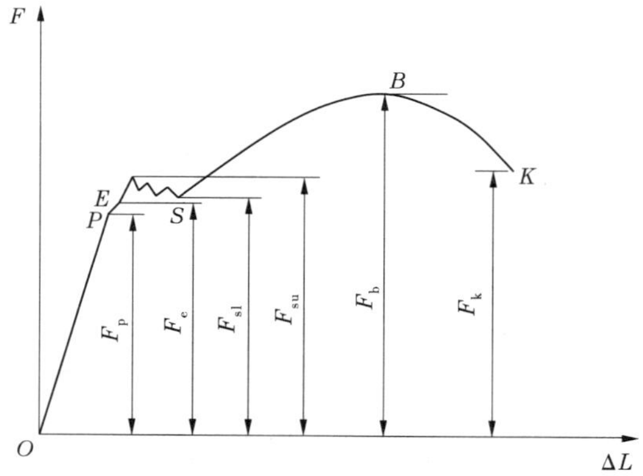

F_p—比例伸长荷载；F_e—弹性伸长荷载；F_{su}—上屈服荷载；F_{sl}—下屈服荷载；F_b—极限荷载；F_k—断裂荷载。

图 1-2-3　低碳钢拉伸 $F-\Delta L$ 曲线

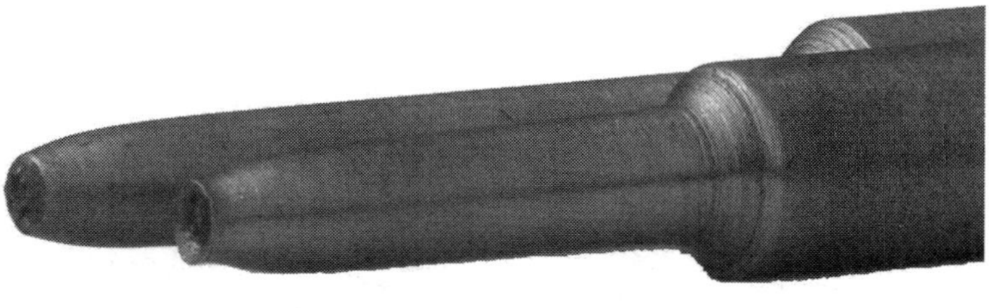

图 1-2-4　低碳钢试件拉伸实验断口形式

观察低碳钢的 $F-\Delta L$ 曲线，并结合受力过程中试件的变形，可明显地将其分为弹性阶段、屈服阶段、强化阶段、颈缩阶段四个阶段。

1. 弹性阶段（OE）

在 OP 阶段中的拉力和伸长成正比关系，表明低碳钢的应力与应变为线性关系，遵循胡克定律，故 P 点的应力称为材料的比例极限，如图 1-2-3 所示。当应力继续增加达到材料弹性极限 E 点时，应力和应变间的关系不再是线性关系，但变形仍然是弹性的，即卸除拉力后变形恢复。工程上对弹性极限和比例极限并不进行严格区分，而统称为弹性极限，它是控制材料在弹性变形范围内工作的有效指标，在工程上有实用价值。

2. 屈服阶段（ES）

当拉力超过弹性极限到达锯齿状曲线时，拉力不再增加或开始回转并振荡，这时在试件表面上可看到表面晶体滑移的迹线。这种现象表明，在试件承受的拉力不继续增加或稍微减小的情况下试件继续伸长，称为材料的屈服，其应力称为屈服强度（流动极限）。拉力首次回转前的最大力（上屈服力 F_{su}）及不计初始瞬时效应（不计荷载首次下降的最低点）时的最小力（下屈服力 F_{sl}）所对应的应力为上、下屈服强度。由于上屈服强度受变形速度及试件形式等因素的影响有一定波动，而下屈服强度则比较稳定，故工程中一般只测定下屈服强度。其计算公式为：$\sigma_{sl}=F_{sl}/S_0$。屈服应力是设计材料许用应力的一个重要指标。

3. 强化阶段（SB）

过了屈服阶段以后，试件材料因塑性变形其内部晶体组织结构重新得到了调整，其抵抗变形的能力有所增强，随着拉力的增加，伸长变形也随之增加，拉伸曲线继续上升。曲线段 SB 称为强化阶段，随着塑性变形量的增大，材料的力学性能发生变化，即材料的变形抗力提高，塑性变差，这个阶段称为强化阶段。当拉力增加，拉伸曲线到达顶点时，曲线开始返回，而曲线顶点所指的最大拉力为 F_b，由此求得材料的抗拉强度极限 $\sigma_b=F_b/S_0$，它也是衡量材料强度的一个重要指标。实际上由于试件在整个受力过程中截面面积不断发生变化，按公式 $\sigma_b=F_b/S_0$ 得到的抗拉强度极限为名义值，σ_b 并非为荷载最大值时的真实应力，也非整个拉伸过程中的最大应力，从拉伸实验的 $F-\Delta L$ 曲线可以看出，试件并非在最大荷载时断裂。试件在拉过最大荷载后，仍有一定的承载力。低碳钢拉伸的过程中试件的应变持续增加，而应变是由应力引起的，低碳钢拉伸的过程同样也是一个应力持续增加的过程，试件的最大应力应为试件断裂时的应力。

虽然，按公式 $\sigma_b=F_b/S_0$ 得到的抗拉强度极限为名义值，但这种计算办法有利于工程设计，有着普遍的工程意义。

4. 颈缩阶段（BK）

对于塑性材料来说，在承受拉力 F_b 以前，试件发生的变形各处基本上是均匀的。但在达到 F_b 以后，变形主要集中于试件的某一局部区域，该处横截面面积急剧减小，这种现象即是“颈缩”现象，此时拉力随之下降，直至试件被拉断，其断口形状呈杯锥状。试件拉断后，弹性变形消失，而塑性变形则保留在拉断的试件上。利用试件标距内的塑性变形及试件断裂时的荷载来计算材料的断裂伸长率、断面收缩率及断裂应力的估算值。

根据实验前后的标距长度及横截面面积,计算断裂延伸率 δ 和断面收缩率 φ。

$$\delta = \frac{L_k - L_0}{L_0} \times 100\% \tag{1-2-1}$$

式中　δ——断裂延伸率(伸长率);

L_0——原始标距;

L_k——断后标距。

$$\varphi = \frac{A_0 - A_k}{A_0} \times 100\% \tag{1-2-2}$$

式中　φ——断面收缩率;

A_0——原始截面面积;

A_k——断后最小截面面积。

断裂应力估算值:

$$\sigma_k = F_k / A_k$$

式中　σ_k——断裂应力估算值;

F_k——断裂荷载;

A_k——断裂处最小截面面积。

由断裂延伸率 δ 的定义可以看出,δ 为标距长度范围内延伸的均值。实际上试件的颈缩导致试件在标距范围内的变形并不均匀,若事先在试件表面做等长的标记,将试件分成等长的多段小标距,断裂后会发现,小标距离颈缩点越近变形越大,离颈缩点越远变形越小,且呈对称分布,最终趋于变形均匀。这样同样材质、同样直径的试件采用不同的标距进行计算时会有不同的 δ,为了使材料拉伸实验的结果具有可比性与符合性,国家已制定统一标准。规定拉伸试件分为比例和定标距两种,表面分为经机加工试件和不经机加工的全截面试件,通常多采用经机加工的圆形截面试件或矩形截面试件。比例试件标距 L_0 按公式 $L_0 = K\sqrt{S_0}$ 确定,式中 S_0 为试件的截面面积,系数 K 通常为 5.65 或 11.3,K 取 5.65 时为短试件,K 取 11.3 时为长试件。对于直径为 10 mm 的试件而言,短、长试件的标距 L_0 应分别等于 50 mm 及 100 mm,即 $L_0 = 5d_0$ 或 $L_0 = 10d_0$,对应的断裂延伸率分别定义为 δ_5 和 δ_{10}。通常,延伸率小的材料多采用短试件,延伸率大的材料多采用长试件。

同样,由于低碳钢试件颈缩变形的不均匀性和梯次递减的特性,同样的试件,当断口在中间时和当断口在靠近边缘时会有一定的差异,这样不利于数据的相互比较,为减小断口位置导致的误差,按下面方法进行处理:

若断口距标距端点的距离小于或等于 $L_0/3$,则需要用“移位法”来计算 L_k。其方法是:以断点为中心,利用长段上相对应的变形格的长度加到短段已有的变形格上,使短段的计算变形格数为 $N/2$ 或 $N/2-1$ 个(N 为原始有效标距的个数),加上长段的 $N/2$ 或 $N/2+1$ 个格数的长度,就为断裂后的计算长度 L_k。金属材料塑性断裂变形示意图如图 1-2-5 所示。

在图 1-2-5 中,假定断口在试件的中间,则有 $L_1 \approx L_1'$, $L_2 \approx L_2'$, $L_3 \approx L_3'$, …, $L_1 > L_2 > L_3 \cdots$ 这样通过移位处理就可以减小试件断裂位置不同引起的误差。图 1-2-6 为金属材料移位处理示意图。

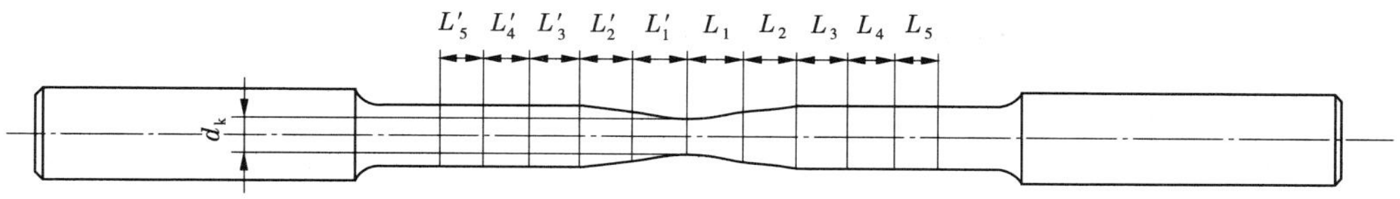

图 1-2-5 金属材料塑性断裂变形示意图

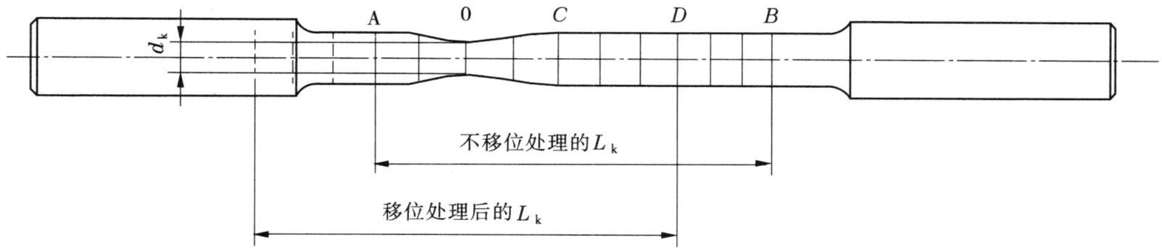

图 1-2-6 金属材料移位处理示意图

从图 1-2-6 可以看出：不进行移位处理时，$L_k = L_{AD} + L_{DB}$；进行移位处理后，$L_k = L_{AD} + L_{CD}$。由试件断裂的不均匀性可知：$L_{CD} > L_{DB}$，因此经移位处理后的 L_k 大于不移位处理的 L_k，且其更接近于断点在试件中间的情形，这样有利于提高实验结果的相符性及可比性。

通过断裂应力估算值 σ_k 的计算，并将其与名义拉伸强度 σ_b 相比较，可以明显地看出 $\sigma_k > \sigma_b$，由于公式 $\sigma_k = F_k / A_k$（A_k 为断裂后的测量值），且试件颈缩过程中有一定的应力分布不均匀现象，所以 σ_k 为估算值，但其较接近真实值。

通过对低碳钢拉伸实验过程中 $F-\Delta L$ 曲线的分析就可以得到反映低碳钢抵抗拉伸荷载的力学性能指标，即屈服强度 σ_s、抗拉强度 σ_b、延伸率 δ_5/δ_{10}、断面收缩率 φ、断裂应力 σ_k。

低碳钢拉伸 $\sigma-\varepsilon$ 曲线如图 1-2-7 所示，低碳钢拉伸分为弹性阶段、屈服阶段、强化阶段、颈缩阶段四个阶段。

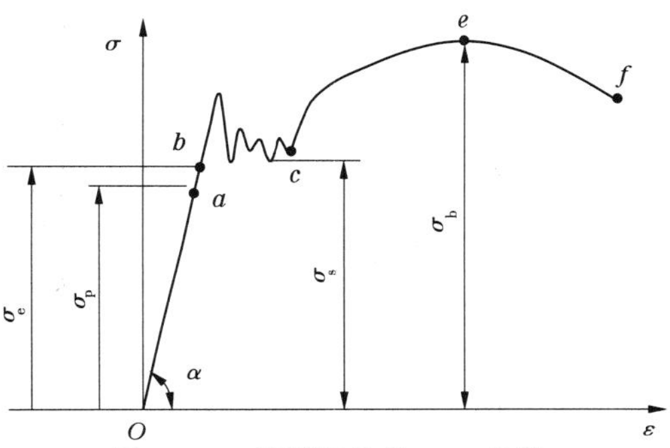

图 1-2-7 低碳钢拉伸 $\sigma-\varepsilon$ 曲线

(1)弹性阶段(Ob)。σ_p 为比例极限;σ_e 为弹性极限。

(2)屈服阶段(bc,失去抵抗变形的能力)。σ_s 为屈服极限(下屈服)。

(3)强化阶段(ce,恢复抵抗变形的能力)。σ_b 为强度极限。

(4)颈缩阶段(ef)。

(二)铸铁拉伸实验

铸铁的 $F-\Delta L$ 曲线如图 1-2-8 所示,铸铁试件的断口形状如图 1-2-9 所示。

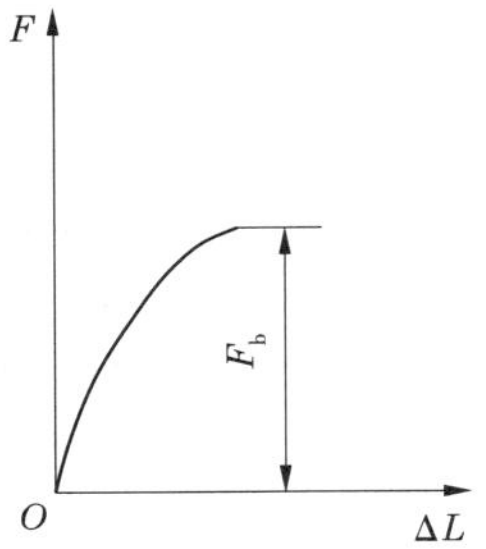

F_b—极限荷载。

图 1-2-8　铸铁拉伸 $F-\Delta L$ 曲线

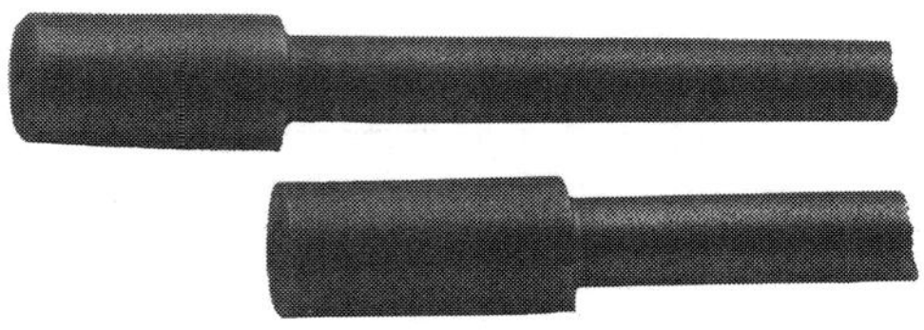

图 1-2-9　铸铁试件拉伸实验断口形状

通过对铸铁试件 $F-\Delta L$ 曲线的分析就可以得到反映铸铁抵抗拉伸荷载的相应力学性能指标,对于典型的脆性材料铸铁,观察其 $F-\Delta L$ 曲线可发现在整个拉伸过程中变形很小,无明显的弹性阶段、屈服阶段、强化阶段、局部变形阶段,在达到最大拉力时,试件断裂。观察实验现象可发现无屈服、颈缩现象,其断口是平齐粗糙的,属脆性破坏但由于铸铁在拉伸实验过程中没有表现出塑性指标,所以在拉伸实验过程中只能测得其抗拉强度 σ_b。

四、实验步骤

(一)低碳钢试件

1. 实验开始前

用游标卡尺分别测量试件两端及中部三个横截面的直径,每处在相互垂直的两个方向上各测一次,取平均值为该处直径。以三处测量结果中的最小平均值作为 d_0。计算试件的横截面面积 A_0,取三位有效数字。为便于观察变形沿轴向的分布情况和实验后容易量出试件断裂后的计算长度 L_k,可用划线机在试件标距 L_0 范围内每隔 10 mm 刻划一圆周线,将标距分成 10 格。

2. 实验过程中

按万能材料试验机的绿色按钮启动油泵,安放构件(注意四点:夹具平行、夹在夹具中间的位置、夹的长度超过端部总长度的 2/3、构件轴线与地面垂直),打开软件,进入金属室温拉伸实验界面,全部清零→输入直径→点运行→输入组号和直径→点运行,开始实验,观察实验过程中的现象(与仪器保持足够的安全距离)。

3. 实验结束后

拉断之后卸下构件,按红色按钮关闭油泵。将断裂试件的两段对齐并尽量挤紧,用游标卡尺测量断后的标距 L_k。测量两段断口(颈缩)处的直径 d_k,应在每段断口处两个互垂方向各测量一次,计算其平均值,取其中最小者计算 A_k。

(二)铸铁试件

1. 实验开始前

用游标卡尺分别测量试件两端及中部三个横截面的直径,每处在相互垂直的两个方向上各测一次,取平均值为该处直径。以三处测量结果中的最小平均值作为 d_0。计算试件的横截面面积 A_0,取三位有效数字。为便于观察变形沿轴向的分布情况和试验后容易量出试件断裂后的计算长度 L_k,可用划线机在试件标距 L_0 范围内每隔 10 mm 刻划一圆周线,将标距分成 10 格。

2. 实验过程中

按绿色按钮启动油泵,安放构件(注意四点:夹具平行、夹在夹具中间的位置、夹的长度超过端部总长度的 2/3、构件轴线与地面垂直),打开软件,进入金属室温拉伸实验界面,全部清零→输入直径→点运行→输入组号和直径→点运行→开始实验,观察实验过程中的现象(与仪器保持足够的安全距离)。

3. 实验结束后

拉断之后卸下构件,按红色按钮关闭油泵。

五、原始数据记录

实验原始数据记录在表 1-2-1~表 1-2-3 中。

表 1-2-1　低碳钢试件实验前测量

<table>
<tr><th rowspan="2">实验材料</th><th rowspan="2">试件规格</th><th colspan="7">试件尺寸</th></tr>
<tr><th>测量部位</th><th colspan="2">沿正交方向测直径/mm</th><th>平均值/mm</th><th>最小平均值 d_0/mm</th><th>截面面积 A_0/mm²</th><th>标距 L_0/mm</th></tr>
<tr><td rowspan="6">低碳钢</td><td rowspan="6"></td><td rowspan="2">上</td><td>1</td><td></td><td rowspan="2"></td><td rowspan="6"></td><td rowspan="6"></td><td rowspan="6"></td></tr>
<tr><td>2</td><td></td></tr>
<tr><td rowspan="2">中</td><td>1</td><td></td><td rowspan="2"></td></tr>
<tr><td>2</td><td></td></tr>
<tr><td rowspan="2">下</td><td>1</td><td></td><td rowspan="2"></td></tr>
<tr><td>2</td><td></td></tr>
</table>

表 1-2-2　低碳钢材料数据记录

<table>
<tr><th rowspan="2">屈服荷载
F_s/kN</th><th rowspan="2">极限荷载
F_b/kN</th><th rowspan="2">断后标距
L_k/mm</th><th colspan="4">断口截面尺寸</th></tr>
<tr><th colspan="2">沿正交方向
测直径/mm</th><th>平均值 d_k/
mm</th><th>截面面积 A_k/
mm^2</th></tr>
<tr><td rowspan="2"></td><td rowspan="2"></td><td rowspan="2"></td><td>1</td><td></td><td rowspan="2"></td><td rowspan="2"></td></tr>
<tr><td>2</td><td></td></tr>
</table>

表 1-2-3　铸铁试件原始数据

<table>
<tr><th rowspan="2">实验
材料</th><th rowspan="2">试件
规格</th><th colspan="6">试件尺寸</th><th rowspan="2">极限荷载
F_b/kN</th></tr>
<tr><th>测量
部位</th><th colspan="2">沿正交方向
测直径/mm</th><th>平均值/mm</th><th>最小平均值
d_0/mm</th><th>截面面积 A_0/
mm^2</th></tr>
<tr><td rowspan="6">铸
铁</td><td rowspan="6"></td><td rowspan="2">上</td><td>1</td><td></td><td rowspan="2"></td><td rowspan="6"></td><td rowspan="6"></td><td rowspan="6"></td></tr>
<tr><td>2</td><td></td></tr>
<tr><td rowspan="2">中</td><td>1</td><td></td><td rowspan="2"></td></tr>
<tr><td>2</td><td></td></tr>
<tr><td rowspan="2">下</td><td>1</td><td></td><td rowspan="2"></td></tr>
<tr><td>2</td><td></td></tr>
</table>

六、数据处理(计算结果保留两位小数)

(1)低碳钢拉伸计算如下,结果填在表 1-2-4 中。

屈服极限:$\sigma_s=\dfrac{F_s}{A_0}=$

强度极限:$\sigma_b=\dfrac{F_b}{A_0}=$

延伸率:$\delta=\dfrac{L_k-L_0}{L_0}\times100\%=$

断面收缩率:$\varphi=\dfrac{A_0-A_k}{A_0}\times100\%=$

表 1-2-4　低碳钢材料计算结果

项目	屈服极限 σ_s/MPa	强度极限 σ_b/MPa	断裂延伸率 δ/%	断面收缩率 φ/%
计算值				

(2)铸铁拉伸计算如下,结果填在表 1-2-5 中。

强度极限：$\sigma_b = \dfrac{F_b}{A_0} =$

表 1-2-5　铸铁材料计算结果

项目	强度极限 σ_b/MPa
计算值	

七、实验后试件的断口形状图及拉伸图

实验后试件的断口形状图及拉伸图见表 1-2-6。

表 1-2-6　实验后试件的断口形状图及拉伸图

材料	实验后断口形状	拉伸图
低碳钢		
铸铁		

八、思考题

1. 试比较低碳钢和铸铁的拉伸机械性质。

2. 由低碳钢和铸铁的拉伸实验结果，比较塑性材料和脆性材料的力学性质以及它们的破坏形式（不同的断口特征），试说明金属的两种基本破坏形式。

3. 试分别比较低碳钢和铸铁材料在轴向拉伸下的力学性质。

实验三　压缩实验

实验表明，工程中常用的金属塑性材料，其受拉与受压所表现出来的强度、刚度和塑性等力学性能是大致相同的。但广泛使用的脆性材料如铸铁、砖、石等，其抗拉强度很低，但抗压强度却很高。为便于合理选用工程材料，以及满足金属成型工艺的要求，测定材料受压时的力学性能是十分重要的。因此，压缩实验和拉伸实验一样，也是测定材料在常温、静载、单向受力状态下力学性能的最常用、最基本的实验之一。

一、实验目的

1. 测定低碳钢压缩时的强度性能指标：屈服极限 σ_s、强度极限 σ_b。

2. 测定铸铁压缩时的强度性能指标：强度极限 σ_b。

3. 绘制低碳钢和铸铁的压缩图，观察并比较低碳钢（塑性材料的代表）和铸铁（脆性材料的代表）在压缩时的变形特点和破坏形式。

二、实验设备

1. 万能材料试验机（见图 1-2-1）。

2. 游标卡尺。

三、实验原理

对一确定形状试件两端施加轴向压力，使试件实验段处于单轴压缩状态，试件产生变形，在不断压缩过程中不同材料的试件会有不同的实验现象，在实验过程中通过测量试件所受荷载及变形得到其关系曲线并观察试件的破坏特征，依据一定的计算及判定准则，可以得到反映材料压缩实验的力学指标，并以此指标来判定材料的性质。为便于比较，选用如图 1-3-1 所示直径相同的典型塑性材料低碳钢及典型的脆性材料铸铁标准试件进行对比实验。确定压缩情况下金属材料的机械性质时，试件常做成圆柱形，为使在压缩时不致丧失稳定，试件高度 h 与直径 d 的比值以 1~2 为宜。

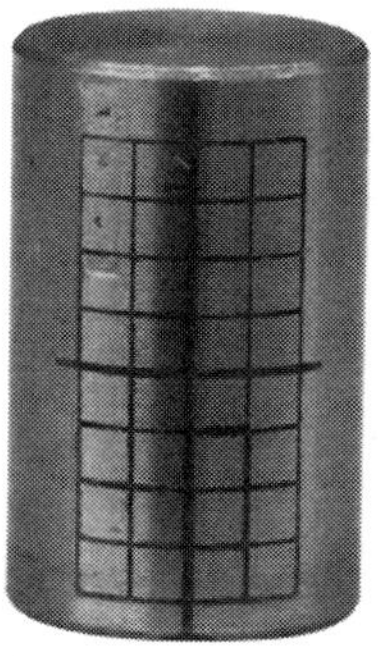

图 1-3-1　压缩试件

低碳钢压缩 $F-\Delta L$ 曲线如图 1-3-2 所示，低碳钢试件压缩实验变形过程如图 1-3-3 所示。

在低碳钢压缩图中，开始出现变形增长较快的非线性小段时，表示达到了屈服荷载。但是这时并不像拉伸那样有明显的屈服阶段。此后，压缩图形沿曲线继续上升，这是因为塑性变形迅速增长，试件横截面面积也随之增大，而增大的面积能承受更大的荷载。当材料发生屈服时对应的荷载即为屈服荷载。低碳钢试件最后可压成饼状而不破裂，所以无法求出最大荷载及其强度极限。观察 $F-\Delta L$ 曲线，以及试件的变形可发现，低碳钢 $F-\Delta L$ 曲线有明显的拐点，称为屈服点，以此点计算的屈服强度 $\sigma_s = F_s/S_0$，其值与拉伸时屈服强度接近，继续加载，试件持续变形，由中间稍粗的鼓形变成圆饼形，但并不发生断裂破坏。

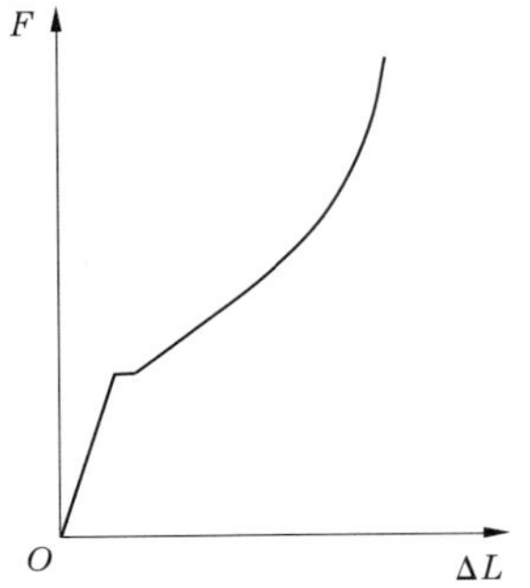

图 1-3-2　低碳钢压缩 $F-\Delta L$ 曲线

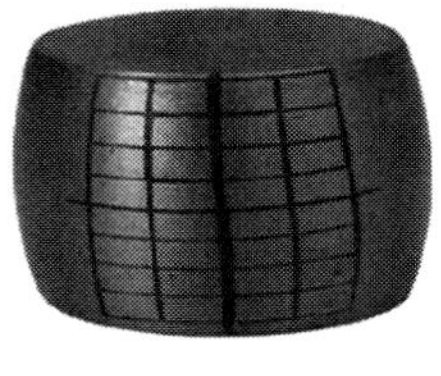

图 1-3-3　低碳钢试件压缩实验变形过程

铸铁压缩 $F-\Delta L$ 曲线如图 1-3-4 所示，铸铁试件压缩实验破坏现象如图 1-3-5 所示。

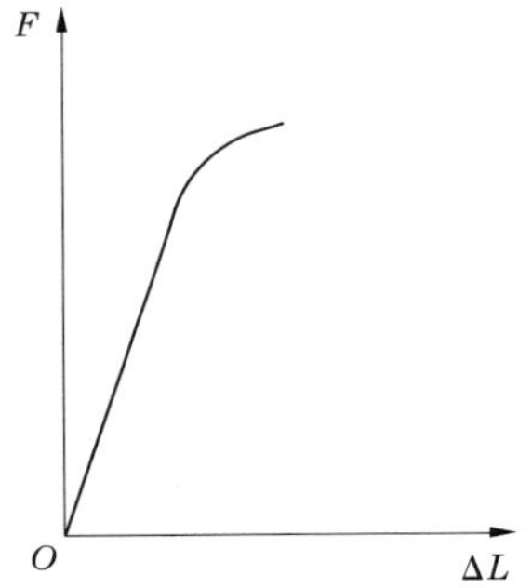

图 1-3-4　铸铁压缩 $F-\Delta L$ 曲线

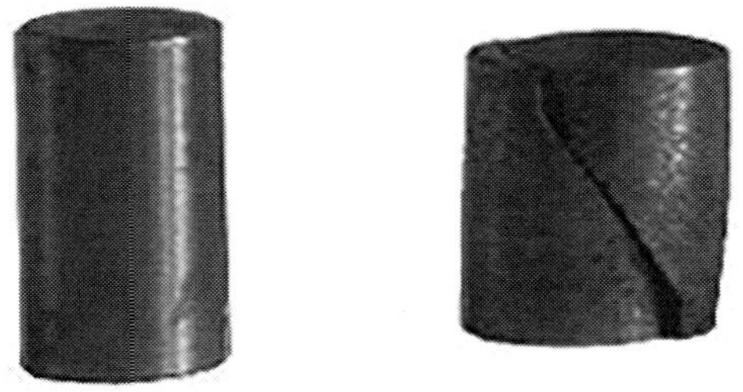

图 1-3-5　铸铁试件压缩实验破坏现象

铸铁试件压缩时，在达到最大荷载前要出现较大的塑性变形后才发生破裂。铸铁试件最后被压成鼓形，表面出现与试件轴线成 45°左右的倾斜裂纹，破坏主要是由剪应力引起的。铸铁的 $F-\Delta L$ 曲线无明显拐点，当压力增大时，试件表面出现交错的剪切滑移线，试件中间略微变粗，持续加压剪切滑移线明显增多、增宽，最终试件在与轴线成 45°～55°的方向上发生断裂破坏，此时施加的压力达到最大值，并以此值定义铸铁的抗压强度$\sigma_b = F_b/S_0$。

实验表明，材料受轴向力产生压缩变形时，在径向上会产生一定的横向延伸，尤其是到屈服点以后这种变形更为明显，但由于试件两端面与万能材料试验机垫板间存在摩擦力，约束了这种横向变形，故压缩试件在变形时会出现中间鼓胀现象，塑性材料试件尤其明显。为了减少鼓胀效应的影响，通常的做法是除将试件端面制作得光滑外，还在端面上面涂上润滑油以进一步减小摩擦力，但这并不能完全消除此现象。

对于铸铁试件而言，由于其无屈服现象，故其不存在屈服极限 σ_s。

对于低碳钢试件而言，由于在压缩过程中试件的横截面面积不断增大，承受的荷载持续增加，习惯上认为低碳钢试件无极限承载力，但假如计算时考虑试件横截面面积的变化，会发现达到一定荷载后，压缩过程的应力-应变曲线趋于平缓。在实际实验时，可以通过利用在压缩过程中测得的试件高度的变化来求得试件的对应面积，这样就可以得到压缩过程的 $\sigma-\varepsilon$ 曲线，实际分析时往往将数据转化为 Matlab 格式后进行分析处理；另外，在荷载较大时需考虑机架变形引起的测试误差，可通过在不加试件压缩的情况下测得机架变形与荷载的对应关系，在实际分析数据时去掉此系统误差，这样就可以较准确地得到低碳钢压缩时的 $\sigma-\varepsilon$ 曲线。实测的低碳钢压缩过程的 $F-\Delta L$ 曲线与 $\sigma-\varepsilon$ 曲线的比较如图 1-3-6 所示。

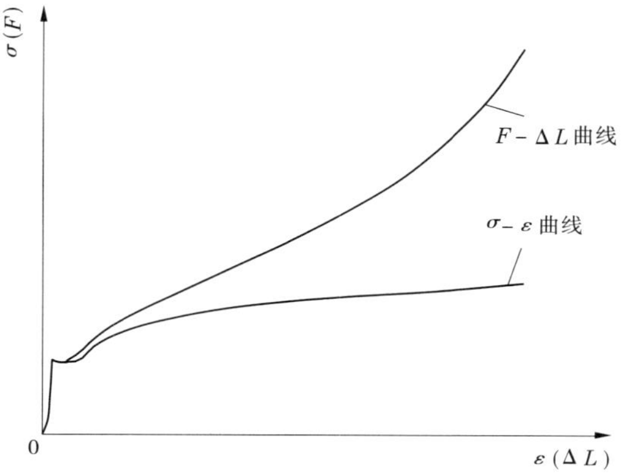

图 1-3-6　实测低碳钢压缩实验 $F-\Delta L$ 曲线与 $\sigma-\varepsilon$ 曲线比较

实际上由于低碳钢试件在压缩过程中变形并不均匀，应力沿试件的高度并非均匀分布。可以用试件压缩过程的最大荷载除以试件压缩过程的最大横截面面积近似求得压缩过程的最大应力。

四、实验步骤及注意事项

（一）低碳钢试件

1. 试件测量

用游标卡尺测量试件中部截面的直径，在相互垂直的两个方向上各测一次，取平均值为该处直径，并计算横截面面积。根据低碳钢屈服极限估算屈服荷载的大小。

2. 放置试件

打开油泵，将试件尽量准确地放在机器活动承垫的中心上，确保试件承受轴向压力。然后向下移动横梁，在试件与上压头将要接触时要特别注意减慢横梁移动速度（一点一松），使之慢慢接触，以免发生撞击，损坏机器。

3. 进行实验

进入软件，选择压缩实验中的低碳钢压缩实验界面，进入界面后：全部清零→点运行

→输入组号和直径→再次点运行，实验开始。实验过程中注意观察曲线的变化情况与试件的物理现象。

4. 实验结束

超过屈服荷载后，继续加载，最后将试件压成鼓形即可停止。取出试件，退出实验程序，仪器设备恢复原状，关闭电源，清理现场。

（二）铸铁试件

1. 试件测量

用游标卡尺测量试件中部截面的直径，在相互垂直的两个方向上各测一次，取平均值为该处直径，并计算横截面面积。

2. 放置试件

打开油泵，将试件尽量准确地放在机器活动承垫的中心上，确保试件承受轴向压力。然后向下移动横梁，在试件与上压头将要接触时要特别注意减慢横梁移动速度（一点一松），使之慢慢接触，以免发生撞击，损坏机器。除此之外，还要在试件周围加防护罩，以免试件破裂时，碎片飞出伤人。

3. 进行实验

进入软件，选择压缩实验中的铸铁压缩实验界面，进入界面后：全部清零→点运行→输入组号和直径→再次点运行，实验开始。实验过程中注意观察曲线的变化情况与试件的物理现象。

4. 实验结束

加压至试件破坏为止，记录最大荷载。取出试件，退出实验程序，仪器设备恢复原状，关闭电源，清理现场。

实验注意事项：

（1）在紧急情况下，没有明确的方案时，请按急停按钮；

（2）实验初始阶段加载要缓慢，以免试件屈服阶段变形不充分；

（3）在压缩低碳钢试件时要注意观察试件是否发生偏移，若横向偏移较大则应停止实验。

五、原始数据记录

实验原始数据记录在表1-3-1中。

表 1-3-1　试件实验前测量及实验后数据记录

<table>
<tr><th rowspan="3">实验材料</th><th colspan="4">试件尺寸</th><th colspan="2">实验数据记录</th></tr>
<tr><th colspan="3">直径 d_0/mm</th><th rowspan="2">截面面积 A_0/mm^2</th><th rowspan="2">屈服荷载 P_s/kN</th><th rowspan="2">破坏荷载 P_b/kN</th></tr>
<tr><th colspan="2">沿正交方向测得数据</th><th>平均</th></tr>
<tr><td rowspan="2">低碳钢</td><td>1</td><td></td><td rowspan="2"></td><td rowspan="2"></td><td rowspan="2"></td><td rowspan="2"></td></tr>
<tr><td>2</td><td></td></tr>
<tr><td rowspan="2">铸铁</td><td>1</td><td></td><td rowspan="2"></td><td rowspan="2"></td><td rowspan="2">—</td><td rowspan="2"></td></tr>
<tr><td>2</td><td></td></tr>
</table>

六、数据处理(计算结果保留两位小数)

数据计算如下,计算结果记录在表 1-3-2 中。

(1)低碳钢压缩。

屈服极限:$\sigma_s=\dfrac{P_s}{A_0}=$　　　　强度极限:$\sigma_b=\dfrac{P_b}{A_0}=$

(2)铸铁压缩。

强度极限:$\sigma_b=\dfrac{P_b}{A_0}=$

表 1-3-2　计算结果

材料	屈服极限 σ_s/MPa	强度极限 σ_b/MPa
低碳钢		
铸铁	—	

七、实验后试件形状及压缩图

实验后试件断口形状及压缩图填在表 1-3-3 中。

表 1-3-3　实验后试件断口形状及压缩图

材料	压缩实验后断口形状	压缩图
低碳钢		
铸铁		

八、思考讨论题

1. 试分别比较低碳钢和铸铁材料在轴向压缩下的力学性质。

2. 根据低碳钢和铸铁的压缩实验结果，比较塑性材料和脆性材料的力学性质以及它们的破坏形式。

3. 为什么铸铁试件在压缩时沿着大致 45°的斜截面破坏?

4. 低碳钢在压缩过程中其截面面积不断增大,因此可持续加载,此时如何确定实验过程中的最大荷载?

5. 根据你对万能材料试验机各按钮的功能理解,在压缩铸铁的实验中,当试件断裂时为使已断裂的试件不再受到进一步的压缩,你认为按哪个按钮最为有效?

实验四　圆轴扭转实验

工程中有许多承受扭转变形的构件，了解材料在扭转变形时的力学性能，对于构件的合理设计和选材是十分重要的。扭转变形是构件的基本变形之一，因此扭转实验也是材料力学的基本实验之一。

一、实验目的

1. 测定低碳钢的扭转屈服强度 τ_s 及抗扭强度 τ_b。
2. 测定铸铁的抗扭强度 τ_b。
3. 观察、比较低碳钢和铸铁在扭转时的变形和破坏现象，分析其破坏原因。

二、实验设备

1. 微机控制电子扭转试验机（见图 1-4-1）。
2. 游标卡尺。

图 1-4-1　微机控制电子扭转试验机

三、实验原理

试件采用两端为扁形的标准扭转试件，试件的两端与试验机的左、右扭转夹头相连接。为方便观测试件的变形，试验前需用游标卡尺测量出试件的最小直径（d_0）。为方便观测试件的变形、观察实验现象，实验前在试件上作一组如图 1-4-2 所示的矩形框标记。

对一确定形状的试件两端施加一对大小为 M_e 的外力偶，试件便处于扭转受力状态，此时试件中的单元体处于如图 1-4-3 所示的纯剪应力状态。

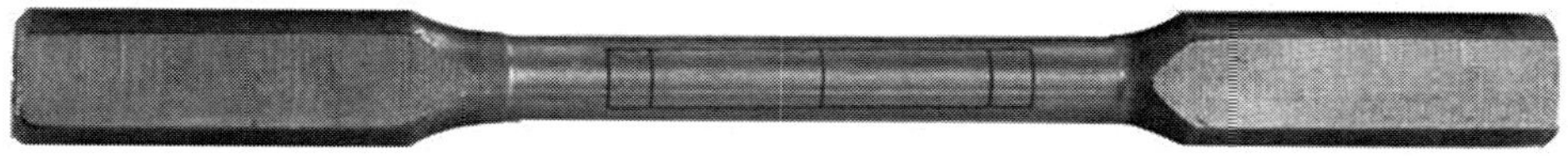

图 1-4-2　常用扭转试件

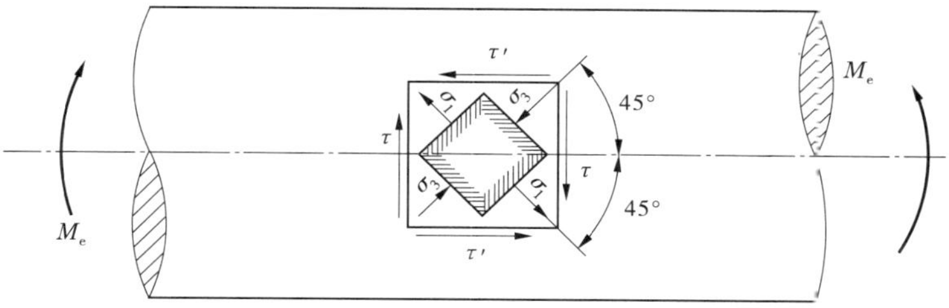

图 1-4-3　纯剪应力状态

对单元体进行平衡分析可知，在与试件轴线成 45°角的螺旋面上，分别承受主应力 $\sigma_1=\tau$、$\sigma_3=-\tau$ 的作用，这样就出现了在同一个试件的不同截面上 $\sigma_{拉}=-\sigma_{压}=\tau$ 的情形。这样对于判断材料各极限强度的关系提供了一个很好的条件。

图 1-4-4 为低碳钢扭转实验扭矩 T 和扭转角 φ 的关系曲线，图 1-4-5 为铸铁试件的扭转实验扭矩 T 和扭转角 φ 的关系曲线。图 1-4-6 为低碳钢和铸铁扭转破坏断口形式。

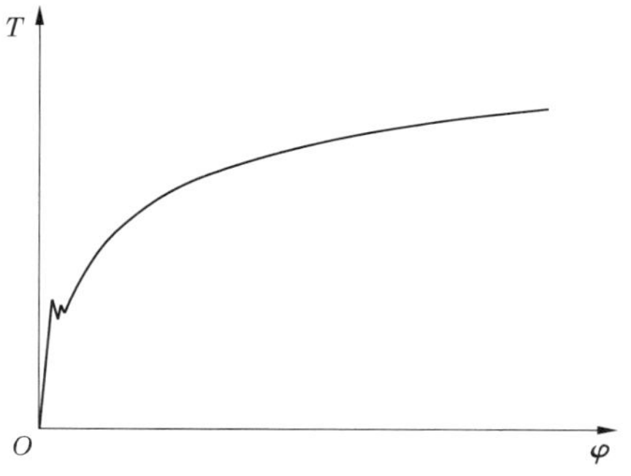

图 1-4-4　低碳钢扭转 $T-\varphi$ 曲线

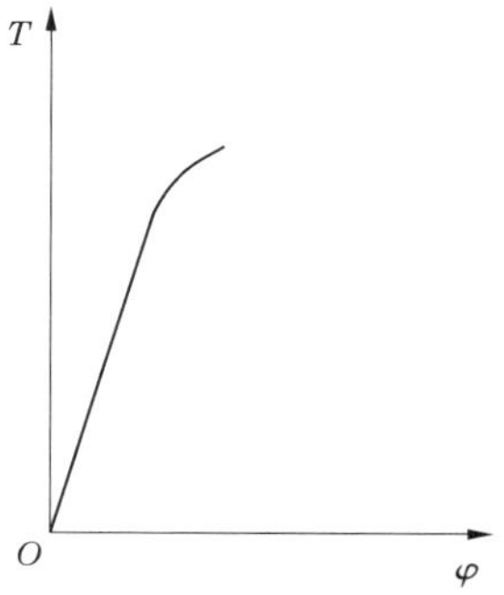

图 1-4-5　铸铁扭转 $T-\varphi$ 曲线

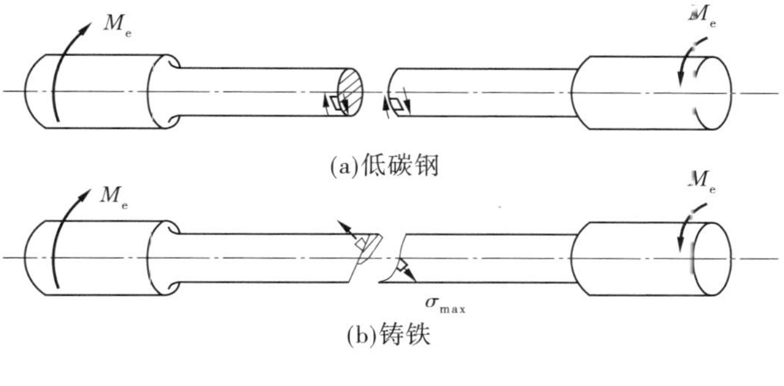

图 1-4-6　低碳钢和铸铁扭转破坏断口形式

由图 1-4-4 可以看出,低碳钢的扭转 $T-\varphi$ 曲线类似于拉伸的 $F-\Delta L$ 曲线,有明显的弹性阶段、流动屈服阶段及强化阶段。在弹性阶段,根据扭矩平衡原理,由剪应力产生的合力矩需与外加扭矩相等,可得剪应力沿半径方向的分布 τ_ρ 为

$$\tau_\rho = \frac{T\rho}{I_P} \tag{1-4-1}$$

在弹性阶段剪应力的变化如图 1-4-7 所示。

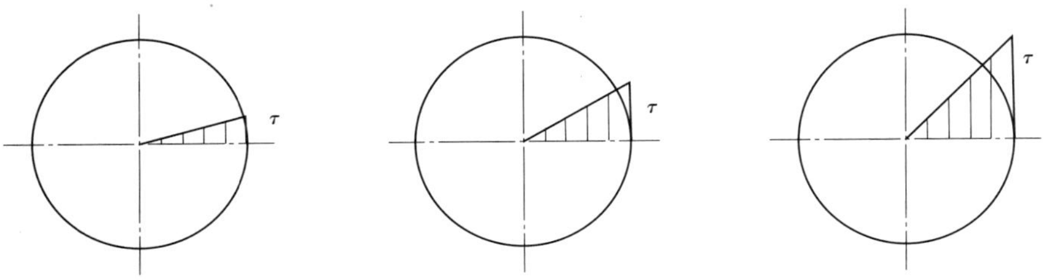

图 1-4-7　低碳钢扭转试件弹性阶段应力分布变化

在弹性阶段剪应力沿圆半径方向呈线性分布,据此可得

$$\tau_{max} = \frac{T\rho}{I_P} = \frac{T}{W_P} \tag{1-4-2}$$

当外缘剪应力增加到一定程度后,试件的边缘产生流动现象,试件承受的扭矩瞬间下降,应力重新分布至整个截面上的应力均匀一致,称为屈服阶段,在屈服阶段剪应力的变化如图 1-4-8 所示。当达到均匀一致时的剪应力为剪切屈服强度(τ_s),其对应的扭矩为屈服扭矩,习惯上将屈服段的最低点定义为屈服扭矩,同样根据扭矩平衡原理可得

$$\tau_s = \frac{3T_s\rho}{4I_P} = \frac{3T_s}{4W_P} \tag{1-4-3}$$

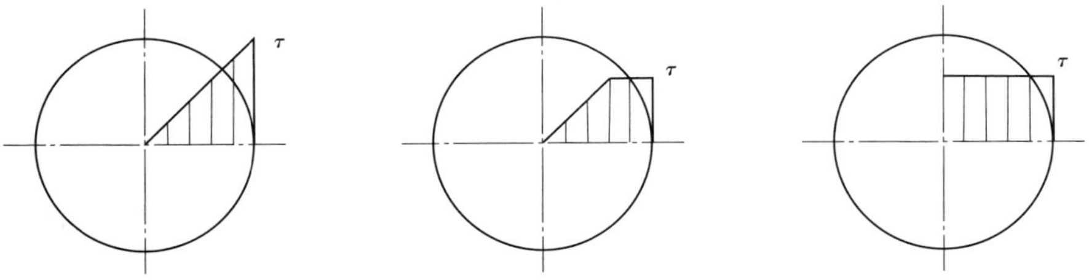

图 1-4-8　低碳钢扭转试件屈服阶段应力分布变化

应力均匀分布后,试件可承受更大的扭矩,试件整个截面上的应力均匀增加,直至试件剪切断裂,如图 1-4-6 所示,最大剪应力对应的扭矩为最大扭矩,定义最大剪应力为剪切强度。

$$\tau_b = \frac{3T_b}{4W_P} \tag{1-4-4}$$

通过以上的分析可知:在低碳钢扭转时,可以得到剪切强度极限,但由于不同材料的破坏形式并不一致,其剪切强度的计算公式并不相同,鉴于此,为方便不同材料力学特性的比较,材料的扭转屈服点和抗扭强度按公式 $\tau_s = 3T_s/4W_P$,$\tau_b = 3T_b/4W_P$ 计算。需要注意的是,国标定义的强度为抗扭强度而非剪切强度。

由图 1-4-5 铸铁扭转 $T-\varphi$ 曲线可以看出，铸铁的扭转 $T-\varphi$ 曲线类似于拉伸的 $F-\Delta L$ 曲线，没有屈服阶段及强化阶段。从图 1-4-3 纯剪应力状态及图 1-4-6(b)铸铁扭转破坏断口形式可以看出，铸铁试件是沿与轴线成 45°的螺旋面方向被拉伸破坏的，也就是说，在图 1-4-3 纯剪应力状态单元体中，拉应力首先达到拉伸强度值。其抗扭强度的计算同低碳钢试件，且此时抗扭强度等于最大扭矩时的最大剪应力(边缘剪应力)。

由以上分析可知：铸铁的扭转破坏是拉应力引起的拉伸破坏，通过扭转实验可间接测得铸铁试件的拉伸强度，但无法得到其剪切强度。

四、实验步骤

(一)低碳钢

(1)试构件：打开软件，调整转速为 200°/min，通过左旋和右旋调整孔的位置保证构件能够放入。

(2)构件的测量：测量直径(上、中、下每个位置测两次)，直径测量后再画平行线(沿轴线方向)。

(3)实验过程中：转速设置为 200°/min，按绿色左右旋转按钮，安放低碳钢试验构件，各参数依次清零，点击"运行"按钮，结束之后点击"结束"按钮，然后取下构件。

(4)实验结束后：对扭转实验曲线和右侧数据进行拍照，观察构件上的平行线及破坏形式。

(二)铸铁

(1)试构件：打开软件，调整转速为 200°/min，通过左旋和右旋调整孔的位置保证构件能够放入。

(2)构件的测量：测量直径(上、中、下每个位置测两次)。

(3)实验过程中：转速设置为 200°/min，按绿色左右旋转按钮，安放铸铁试验构件，各参数依次清零，转速调整为 50°/min，点击"运行"按钮，结束之后点击"结束"按钮，然后取下构件。

(4)实验结束后：对扭转实验曲线和右侧数据进行拍照，观察构件破坏形式。

五、原始数据记录

试件实验前测量及实验后数据记录在表 1-4-1 中。

六、数据处理(计算结果保留两位小数)

(一)低碳钢扭转

剪切屈服极限：$\tau_s=\dfrac{3T_s}{4W_P}=$

剪切强度极限：$\tau_b=\dfrac{3T_b}{4W_P}=$

表 1-4-1　试件实验前测量及实验后数据记录

<table>
<tr><th rowspan="2">实验材料</th><th colspan="5">试件直径</th><th rowspan="2">抗扭截面模量 W_p/mm^3</th><th rowspan="2">屈服扭矩 $T_s/(N \cdot m)$</th><th rowspan="2">破坏扭矩 $T_b/(N \cdot m)$</th></tr>
<tr><th>测量部位</th><th colspan="2">沿正交方向测直径/mm</th><th>平均值/mm</th><th>最小平均值 d_0/mm</th></tr>
<tr><td rowspan="6">低碳钢</td><td rowspan="2">上</td><td>1</td><td></td><td rowspan="2"></td><td rowspan="6"></td><td rowspan="6"></td><td rowspan="6"></td><td rowspan="6"></td></tr>
<tr><td>2</td><td></td></tr>
<tr><td rowspan="2">中</td><td>1</td><td></td><td rowspan="2"></td></tr>
<tr><td>2</td><td></td></tr>
<tr><td rowspan="2">下</td><td>1</td><td></td><td rowspan="2"></td></tr>
<tr><td>2</td><td></td></tr>
<tr><td rowspan="6">铸铁</td><td rowspan="2">上</td><td>1</td><td></td><td rowspan="2"></td><td rowspan="6"></td><td rowspan="6"></td><td rowspan="6">—</td><td rowspan="6"></td></tr>
<tr><td>2</td><td></td></tr>
<tr><td rowspan="2">中</td><td>1</td><td></td><td rowspan="2"></td></tr>
<tr><td>2</td><td></td></tr>
<tr><td rowspan="2">下</td><td>1</td><td></td><td rowspan="2"></td></tr>
<tr><td>2</td><td></td></tr>
</table>

(二)铸铁扭转

剪切强度极限：$\tau_b = \dfrac{T_b}{W_P} =$

七、实验后试件的断口形状图及 $T-\varphi$ 图

实验后试件的断口形状图及 $T-\varphi$ 填在表 1-4-2 中。

表 1-4-2　实验后试件的断口形状图及 $T-\varphi$

材料	实验后断口形状图	$T-\varphi$ 图
低碳钢		
铸铁		

八、思考题

以对比的方式简述两种典型材料的实验现象。

实验五　纯弯曲梁正应力实验

梁是工程中常用的受弯构件。梁受弯时，产生弯曲变形，在结构设计和强度计算中经常要涉及梁的弯曲正应力的计算，在工程检验中，也经常通过测量梁的主应力大小来判断构件是否安全，也可采用通过测量梁截面不同高度的应力来寻找梁的中性层。

一、实验目的

1. 测定梁在纯弯曲时某一截面上的应力及其分布情况。
2. 观察梁在纯弯曲情况下所表现的胡克定律，从而判断平面假设的正确性。
3. 进一步熟悉电测静应力实验的原理并掌握其操作方法。
4. 实验结果与理论值比较，验证弯曲正应力公式 $\sigma = My/I_z$ 的正确性。
5. 测定泊松比 μ。

二、实验梁的安装示意图

1. 纯弯曲梁（简称纯弯梁）的正应力的分布规律实验装置——多功能实验台，其装置如图 1-5-1 所示。

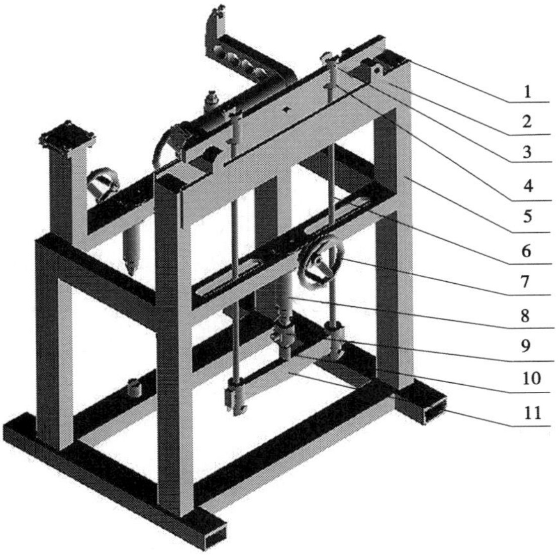

1—纯弯梁；2—支座；3—销子；4—加力杆接头；5—台架主体；6—加力杆；7—手轮；8—蜗杆升降机构；9—拉压力传感器；10—压头；11—加载下梁。

图 1-5-1　纯弯梁实验安装图

2. 纯弯梁的安装与调整：在如图 1-5-1 所示位置处，将 9（拉压力传感器）安装在 8（蜗杆升降机构）上拧紧，将 2（支座，2 个）放于如图 1-5-1 所示的位置，并以加力中心为对称轴成对称放置,将纯弯梁置于支座上,也称对称放置,将 4(加力杆接头,2 对)与 6(加力杆,2 个)连接,分别用 3(销子)悬挂在纯弯梁上,再用销子把 11(加载下梁)固定于图 1-5-1 上所示位置,调整加力杆的位置,使两杆都成铅垂状态并关于加力中心对称。摇动 7(手轮)使传感器升到适当位置,将 10(压头)放在如图 1-5-1 中所示位置,压头的尖端顶住加载下梁中部的凹槽,适当摇动手轮使传感器端部与压头稍稍接触。检查加载机构是否关于加载中心对称,如不对称应反复调整。

注意:实验过程中应保证加载杆始终处于铅垂状态,并且整个加载机构关于中心对称,否则将导致实验结果有误差,甚至错误。

3. 纯弯梁的贴片:$5^{\#}$片、$4^{\#}$片分别位于梁水平上、下平面的纵向轴对称中心线上,$1^{\#}$片位于梁的中性层上,$2^{\#}$片、$3^{\#}$片分别位于距中性层和梁的上下边缘相等的纵向轴线上,$6^{\#}$片与$5^{\#}$片垂直,如图 1-5-2 所示,另一端与静态应变测力仪连接(见图 1-5-3)。

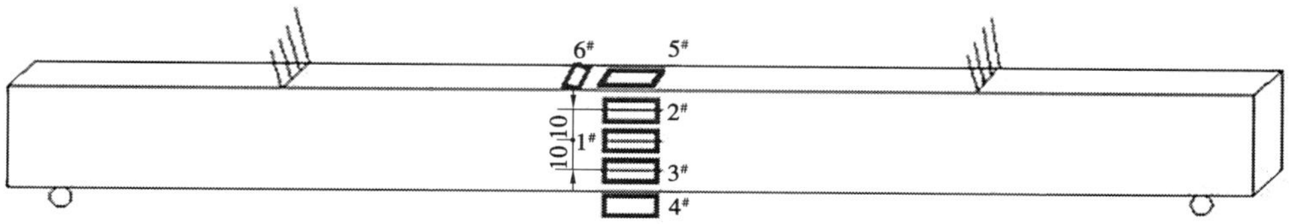

图 1-5-2　纯弯梁贴片图($4^{\#}$片、$5^{\#}$片在梁的上、下表面,$6^{\#}$片可在梁的上表面或下表面)

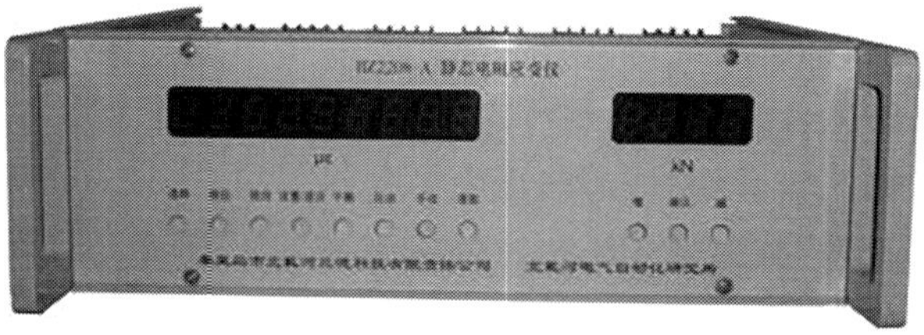

图 1-5-3　BZ2208-A 静态应变测力仪

三、实验原理

图 1-5-4 为试件受力图。

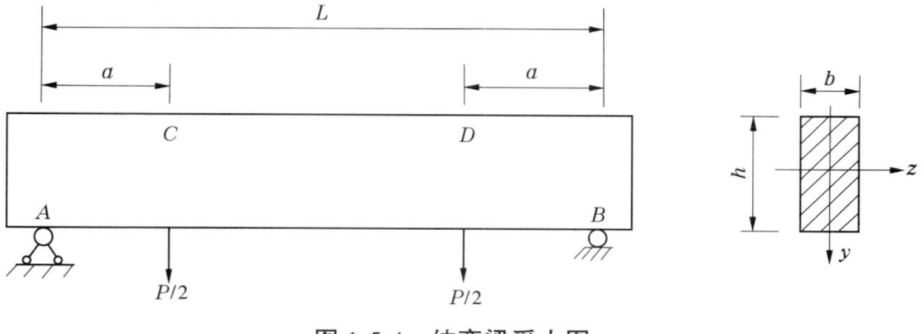

图 1-5-4　纯弯梁受力图

为了测量应变随试件截面高度的分布规律，应变片的粘贴位置如图 1-5-2 所示。这样可以测量试件上下边缘、中性层及其他中间点的应变，便于了解应变沿截面高度变化的规律。

梁纯弯曲时，根据平面假设和纵向纤维之间无挤压的假设，得到纯弯曲正应力计算公式为

$$\sigma = \frac{My}{I_z} \tag{1-5-1}$$

式中　M——弯矩；

I_z——横截面对中性层的惯性矩，根据表 1-5-1 内的数据进行计算；

y——所求应力点的纵坐标（中性轴为坐标零点）。

表 1-5-1　原始参数

材料	弹性模量/GPa	几何参数			应变片参数		应变仪灵敏系数 $K_{仪}$
		b/cm	h/cm	a/cm	灵敏系数 $K_{片}$	电阻值/Ω	
碳钢	210	2.0	4.0	10.0	2.00	120	2.0

由式（1-5-1）可知梁在纯弯曲时，沿横截面高度各点处的正应力按线性规律变化，根据纵向纤维之间无挤压的假设，纯弯梁中的单元体处于单纯受拉或受压状态，由单向应力状态的胡克定律 $\sigma=\varepsilon E$ 可知，只要测得不同梁高处的 ε，就可计算出该点的应力 σ，然后与相应点的理论值进行比较，以验证弯曲正应力公式。

由材料力学可知，矩形截面梁受纯弯时的正应力公式为

$$\sigma_{理} = \frac{My}{I_z} \tag{1-5-2}$$

$$I_z = \frac{bh^3}{12} \tag{1-5-3}$$

本实验采用逐级等量加载的方法加载，每次增加等量的荷载 ΔP，测定各点相应的应变增量一次，即初荷载为 0，最大荷载为 4 kN，等量增加的载荷 ΔP 为 500 N。分别取应变增量的平均值（修正后的值）$\overline{\Delta\varepsilon}_{实}$，求出各点应力增量的平均值 $\overline{\Delta\sigma}_{实}$。

$$\overline{\Delta\sigma}_{实} = E \cdot \overline{\Delta\varepsilon}_{实} \tag{1-5-4}$$

$$\overline{\Delta\sigma}_{理} = \frac{\Delta M \cdot y}{I_z} \tag{1-5-5}$$

把测量得到的应力增量 $\Delta\sigma_{实}$ 与理论公式计算出的应力增量 $\Delta\sigma_{理}$ 加以比较，从而可验证公式的正确性，上述理论公式中的 ΔM 按下式求出：

$$\Delta M = \frac{1}{2}\Delta P \cdot a \tag{1-5-6}$$

材料力学中还假设梁的纯弯曲段是单向应力状态，为此在梁上（或梁下）表面横向粘

贴 6#应变片,可测出 ε,根据

$$E=\frac{\Delta P}{\Delta\varepsilon_{纵}A} \tag{1-5-7}$$

$$\mu=\left|\frac{\Delta\varepsilon_{横}}{\Delta\varepsilon_{纵}}\right| \tag{1-5-8}$$

式中　μ——梁材料的泊松比。

可由($\varepsilon_{横}/\varepsilon_{纵}$)计算得到 μ,从而验证梁弯曲时近似于单向应力状态。得到材料的弹性模量 E 值和泊松比 μ 值。

四、实验步骤

(一)BZ2208-A 静态应变测力仪实验操作步骤

1. 静态电阻应变部分

(1)在开机前,按照测试要求,参照电桥连接方法,连接好测试点的应变片。

(2)接通电源,应变仪应预热 20 min。

(3)参数设置:开机后,进入 H＊＊状态,需按设置/退出键,进入参数设置状态。移位键和修改键用来移动和修改闪烁位的数字,可应用到各设置更改状态。每次按选择键,进行下一步的设置。

S1(1/4 桥测量的结束点):6。

S2(半桥测量的结束点):S2>S1。

S3(1/4 桥应变片的灵敏度系数):2.0。

S4(半桥应变片的灵敏度系数):2.0。

S5(全桥应变片的灵敏度系数):2.0。

S6(1/4 桥是否进行补偿):0(否),1(接补偿)。

S7(1/4 的补偿方式,多少点分配 1 个补偿点):如接补偿,S7=6 或 6 以上;如未接补偿,忽略此设置,按选择键,进行下一步的设置。

S8(清空或保留历史的自动测量数据):0(不变),1(清空)。

S9(确认是否让更改的设置生效):0(不生效),1(生效)。

按设置/退出键,完成设置。

(4)电桥平衡设置:在 H＊＊状态,按面板上平衡键,进行自动平衡设置。然后按手动键,依次检测各点平衡状况,即是否显示为零,如非零,需按平衡键进行手动平衡设置。平衡完成后,按退出键。(如显示为 H,表示未连接上,需检查线路连接状况)

(5)平衡后,可以进行测量。

按手动键,可进行手动测量;再按手动键,可以进行下一测点测量;也可以按设置/退出键,进行中途退出。

按自动键可以进行自动测量,当一个测点测量结束后,自动测量下一个测点,直到扫描结束,然后返回 H＊＊状态,＊＊加 1,测量结果被仪器存储。

按读取键可以读取已经存储的某次自动测量数据。通过移位键、修改键可以设置要读取的自动测量数据次数 H * *，再按读取键，进行数据读取。按手动键，可以进行手动读取；按自动键，可以进行自动读取。

2. 测力部分

(1)令仪器进入正常工作状态。(将力传感器连入后面板测力输入插座，仪器处于正常工作状态。如果传感器的灵敏度和量程与仪器的设置不符，就要重新对仪器进行设置)

(2)按确认键，进入输入密码提示窗口。(按增键或减键，将示值调整到与密码相同的值 1996)(如密码被修改，按减键，将 1996 减到 0，按确认键，即恢复原密码)

(3)按确认键，进入显示设置 SET 状态。(再按确认键，就不进行重新设置，返回到正常工作状态)

(4)按减键，进入传感器量程设置状态。按增键或减键，将示值调整为传感器量程值为 500 kg。

(5)量程设置完成后，按确认键，仪器进入单位设置状态。单位有两种选择：kg 与 t。按增键循环显示两种单位。

(6)单位设定后，按确认键，仪器进入传感器灵敏度设置状态。按增键、减键，将示值调整到传感器的灵敏度值。灵敏度值限制在 0.8~2.2。本仪器灵敏度设置为 1.700。

(7)传感器灵敏度设置完成后，按确认键，仪器进入传感器编号设置状态，按增键、减键，将示值调整为传感器编号值(四位有效数字)。(可以不设置这一项)

(8)传感器编号设置完成后，两次按确认键，进入小数点设置。按确认键，确认小数点在数右侧第一位(P. 位置)，返回正常工作状态。(按增键，可以改变小数点位置)

(9)进行测量之前，先进行零点偏差消除。按减键，消除上一次零点记忆值。如果示值为零，则不需要再次消除零点偏差；如果示值不为零，按增键，消除本次零点偏差值。偏差消除之后，仪器显示测量值为零。

(10)按增键平衡。(加初始荷载后，需再次平衡)现在可以进行测量。

(二)BZ8001 多功能力学实验装置实验操作步骤

(1)参考标注的方向，摇动涡轮手柄转动涡轮(压力方向)，施加初始荷载 $P_0 = 50$ kg。按静态应变测力仪面板上静态应变操作按键中的平衡按钮，完成自动平衡，然后进行手动平衡，各点依次进行，如某点未平衡，按平衡键，手动平衡，平衡完成后，按退出键。按测力操作按键中的增键，完成测力平衡。

(2)加载 50 kg，按应变测力仪面板上手动键，依次读取并记录应变仪读数，完成后按退出键。

(3)再次加载 50 kg，即加载 100 kg，同样，读取并记录应变仪读数。

(4)再次加载 50 kg，即加载 150 kg，同样，读取并记录应变仪读数。

(5)再次加载 50 kg，即加载 200 kg，同样，读取并记录应变仪读数。

(6)完成四次加载测试后，卸掉荷载。再次进行应变和测力平衡，然后关闭测力仪，并使实验平台恢复原状。

(三)具体实验步骤

1. 确认纯弯梁截面宽度 $b=20$ mm,高度 $h=40$ mm,荷载作用点到梁两侧支点距离 $c=100$ mm。

2. 将传感器连接到 BZ2208-A 测力部分的信号输入端,将梁上应变片的公共线接至应变仪任意通道的 A 端子上,其他接至相应序号通道的 B 端子上,公共补偿片接在公共补偿端子上。检查并记录各测点的顺序。

3. 打开仪器,设置仪器的参数,测力仪的量程和灵敏度设为传感器的量程、灵敏度。

4. 本实验取初始荷载 $P_0=0.5$ kN(500 N),$P_{\max}=2.5$ kN(2 500 N),$\Delta P=0.5$ kN(500 N),以后每增加荷载 500 N,记录应变读数 ε_i,共加载 5 级,然后卸载。再重复测量,共测 3 次。取数值较好的一组,记录到数据列表中。

5. 实验完毕,卸载。实验台和仪器恢复原状。

五、实验结果分析

1. 求出各测量点在等量荷载作用下,应变增量的平均值 $\overline{\Delta\varepsilon}_{测}$。

2. 以各测点位置为纵坐标,以修正后的应变增量平均值 $\overline{\Delta\varepsilon}_{实}$ 为横坐标,画出应变随试件截面高度的变化曲线。

3. 根据各测点应变增量的平均值 $\overline{\Delta\varepsilon}_{实}$,计算测量的应力值 $\overline{\Delta\sigma}_{实}=E\cdot\overline{\Delta\varepsilon}_{实}$。

4. 根据实验装置的受力图和截面尺寸,先计算横截面对 z 轴的惯性矩 I_Z,再应用弯曲应力的理论公式,计算在等增量荷载作用下,各测点的理论应力增量值 $\overline{\Delta\sigma}_{理}=\dfrac{\Delta M\cdot y}{I_Z}$。

5. 比较各测点应力的理论值和实验值,并按下式计算相对误差:

$$e=\frac{\overline{\Delta\sigma}_{理}-\overline{\Delta\sigma}_{实}}{\overline{\Delta\sigma}_{理}}\times 100\%$$

在梁的中性层内,因 $\Delta\sigma_{理}=0,\overline{\Delta\sigma}_{理}=0$,故只需计算绝对误差。

6. 比较梁中性层的应力。由于电阻应变片是测量一个区域内的平均应变,粘贴时又不可能正好贴在中性层上,所以只要实测的应变值是一很小的数值,就可认为测试是可靠的。

六、实验记录表格

实验数据记录在表 1-5-2~表 1-5-4 中。

表 1-5-2　测点位置

测点编号	1	2	3	4	5
测点至中性层的距离 y/mm					

表 1-5-3　实验记录

荷载 P/N	应变仪读数 $\varepsilon/\mu(10^{-6})$												泊松比
	ε_1	$\Delta\varepsilon_1$	ε_2	$\Delta\varepsilon_2$	ε_3	$\Delta\varepsilon_3$	ε_4	$\Delta\varepsilon_4$	ε_5	$\Delta\varepsilon_5$	ε_6	$\Delta\varepsilon_6$	$\mu=\varepsilon_6/\varepsilon_5$
−500		—		—		—		—		—		—	
−1 000													
−1 500													
−2 000													
−2 500													
	—		—		—		—		—		—		
$\overline{\Delta\varepsilon}_{实}$													

表 1-5-4　理论值、实验值和误差计算

测点编号	1	2	3	4	5
应变修正值$\overline{\Delta\varepsilon}_{实}$					
应力实验值$\overline{\Delta\sigma}_{实}$($\overline{\Delta\sigma}_{实}=E\cdot\overline{\Delta\varepsilon}_{实}$)					
应力理论值$\overline{\Delta\sigma}_{理}$($\overline{\Delta\sigma}_{理}=\dfrac{\Delta M\cdot y}{I_z}$)					
误差 e($e=\dfrac{\overline{\Delta\sigma}_{理}-\overline{\Delta\sigma}_{实}}{\overline{\Delta\sigma}_{理}}\times 100\%$)					

七、思考题

1. 绘出图 1-5-4 所示纯弯梁加载形式的剪力图与弯矩图,理解纯弯段的定义。

2. 产生实验误差的可能原因分析及改进方案。

3. 实验中遇到的问题及解决办法。

实验六　等强度梁实验

一、实验目的

1. 学习应用应变片组桥检测应力的方法。
2. 验证变截面等强度实验。
3. 掌握用等强度梁标定灵敏度的方法。
4. 学习静态电阻应变仪的使用方法。

二、实验梁的安装示意图

(1)等强度梁的正应力的分布规律实验装置——多功能试验台,其装置如图 1-6-1 所示。

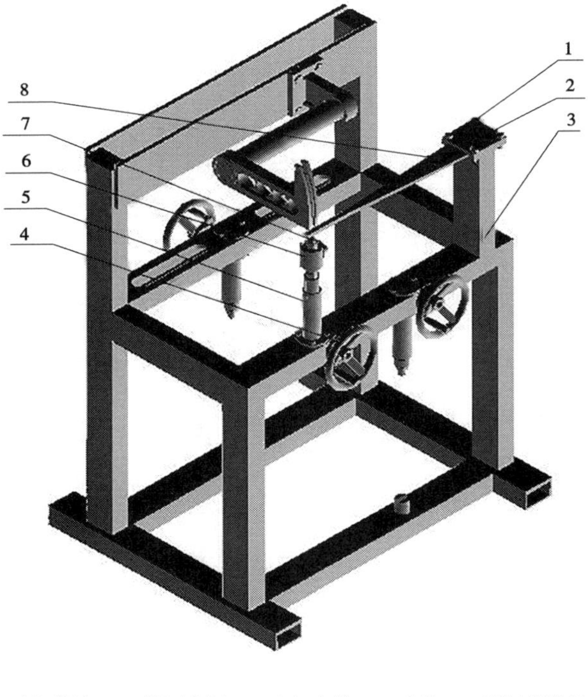

1—紧固螺钉;2—紧固盖板;3—台架主体;4—手轮;5—蜗杆升降机构;
6—拉应力传感器;7—压头;8—等强度梁。

图 1-6-1　等强度梁安装图

(2)等强度梁的安装与调整。在如图 1-6-1 所示位置处,将 6(拉应力传感器)安装在 5(蜗杆升降机构)上拧紧,顶部装上 7(压头)。摇动 4(手轮)使之降到适当位置,以便不妨碍等强度梁的安装。将等强度梁如图 1-6-1 所示放置,调整梁的位置使其端部与 2(紧固盖板）对齐，转动手轮使6（拉应力传感器）与梁的接触点落在实验梁的对称中心线上。调整完毕，将1（紧固螺钉，共4个）用扳手全部拧紧。

注意：实验梁端部未对齐或压头接触点不在实验梁的对称中心线上，将导致实验结果有误差，甚至错误。

（3）等强度梁的贴片。1#片、2#片、3#片分别位于梁水平上平面的纵向轴对称中心线上，1#片、3#片关于2#片成左右对称分布，如图1-6-2所示。

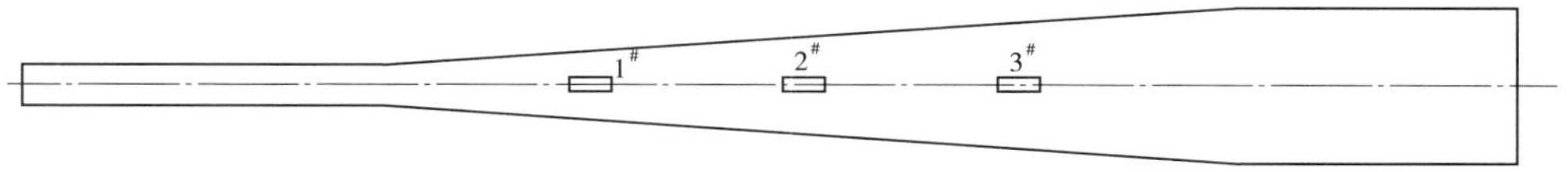

图1-6-2　等强度梁贴片图

三、实验原理

（一）电阻应变测量原理

电阻应变测试方法是用电阻应变片测定构件的表面应变，再根据应变-应力关系（电阻-应变效应）确定构件表面应力状态的一种实验应力分析方法。这种方法是以粘贴在被测构件表面上的电阻应变片作为传感元件，当构件变形时，电阻应变片的电阻值将发生相应的变化，利用电阻应变仪将此电阻值的变化测定出来，并换算成应变值或输出与此应变值成正比的电压（或电流）信号，由记录仪记录下来，就可得到所测定的应变或应力。

（二）电阻应变片

电阻应变片一般由敏感栅、引线、基底、覆盖层和黏结剂组成，图1-6-3所示为其构造简图。

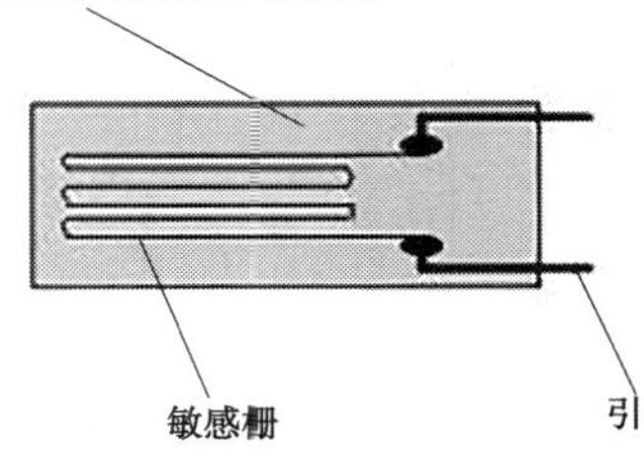

图1-6-3　电阻立变片基本构造示意图

（三）测量电路原理

通过在试件上粘贴电阻应变片，可以将试件的应变转换为应变片的电阻变化，但是通常这种电阻变化是很小的。为了便于测量，需将应变片的电阻变化转换成电压（或电流）信号，再通过电子放大器将信号放大，然后由指示仪或记录仪指示出应变值。这一任务是由电阻应变仪来完成的。而电阻应变仪中电桥的作用是将应变片的电阻变化转换成电压（或电流）信号。电桥根据其供电电源的类型可分为直流电桥和交流电桥，下面以直流电桥为例来说明其电路原理。

1. 电桥的平衡

直流电桥如图1-6-4所示，电桥各臂R_1、R_2、R_3、R_4可以全部是应变片（全桥式接法），也可以部分是应变片，其余为固定电阻，当R_1、R_2为应变片，R_3、R_4接精密无感固定电阻时，称为半桥式接法。

桥路AC端的供桥电压为E，则在桥路BD端的输出电压为

$$U=\left(\frac{R_1}{R_1+R_2}-\frac{R_4}{R_3+R_4}\right)E=\frac{R_1R_3-R_2R_4}{(R_1+R_2)(R_3+R_4)}E \tag{1-6-1}$$

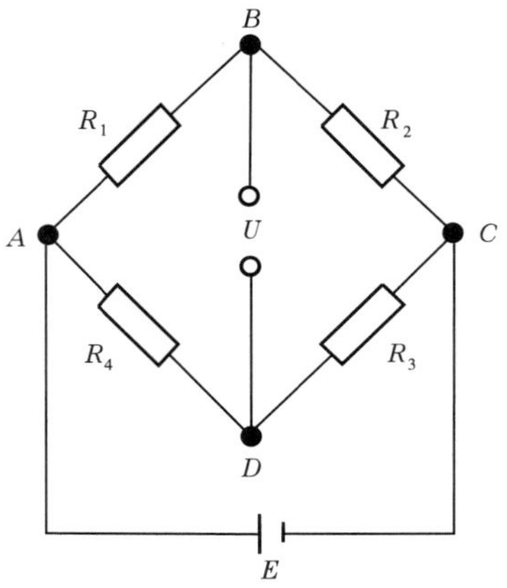

图 1-6-4　测量电桥

由式(1-6-1)可知,当桥臂电阻满足:$R_1R_3=R_2R_4$ 时,电桥输出电压 $U=0$,称为电桥平衡。

2. 电桥输出电压

设起始处于平衡状态的电桥各桥臂(应变片)的电阻值都发生了变化,即

$$R_1 \to R_1 + \Delta R_1, R_2 \to R_2 + \Delta R_2, R_3 \to R_3 + \Delta R_3, R_4 \to R_4 + \Delta R_4$$

此时电桥输出电压的变化量为

$$\Delta U \approx \frac{\partial U}{\partial R_1}\Delta R_1 + \frac{\partial U}{\partial R_2}\Delta R_2 + \frac{\partial U}{\partial R_3}\Delta R_3 + \frac{\partial U}{\partial R_4}\Delta R_4 \qquad (1\text{-}6\text{-}2)$$

可进一步整理为

$$\Delta U \approx \left[\frac{R_1R_2}{(R_1+R_2)^2}\left(\frac{\Delta R_1}{R_1}-\frac{\Delta R_2}{R_2}\right)+\frac{R_3R_4}{(R_3+R_4)^2}\left(\frac{\Delta R_3}{R_3}-\frac{\Delta R_4}{R_4}\right)\right]E \qquad (1\text{-}6\text{-}3)$$

对以下常用的测量电路,该输出电压的变化可做进一步简化:

$$\Delta U \approx \frac{E}{4}\left(\frac{\Delta R_1}{R_1}-\frac{\Delta R_2}{R_2}+\frac{\Delta R_3}{R_3}-\frac{\Delta R_4}{R_4}\right) \qquad (1\text{-}6\text{-}4)$$

(1)全等臂电桥。在上述电桥中,各桥臂上的应变片的起始电阻值全相等,灵敏系数 K 也相同。

将 $\Delta R_n/R_n=K\varepsilon_{(n)}$ 代入式(1-6-4),得

$$\Delta U \approx \frac{KE}{4}[\varepsilon_{(1)}-\varepsilon_{(2)}+\varepsilon_{(3)}-\varepsilon_{(4)}] \qquad (1\text{-}6\text{-}5)$$

(2)半等臂电桥。当 R_1、R_2 为起始电阻值和灵敏系数 K 都相同的应变片,R_3、R_4 接精密无感固定电阻,此时

$$\Delta U \approx \frac{E}{4}\left(\frac{\Delta R_1}{R_1}-\frac{\Delta R_2}{R_2}\right)=\frac{KE}{4}[\varepsilon_{(1)}-\varepsilon_{(2)}] \qquad (1\text{-}6\text{-}6)$$

(3)1/4 电桥。当 R_1、R_2 起始电阻值相同,R_1 为灵敏系数 K 的应变片,R_2、R_3、R_4 接精密无感固定电阻,此时

$$\Delta U \approx \frac{E}{4}\frac{\Delta R_1}{R_1} = \frac{1}{4}KE\varepsilon_{(1)} \tag{1-6-7}$$

3. 电桥电路的基本特性

(1)在一定的应变范围内,电桥的输出电压 ΔU 与各桥臂电阻的变化率 $\Delta R/R$ 或相应的应变片所感受的(轴向)应变 $\varepsilon_{(n)}$ 成线性关系。

(2)各桥臂电阻的变化率 $\Delta R/R$ 或相应的应变片所感受的应变 $\varepsilon_{(n)}$ 对电桥输出电压的变化 ΔU 的影响是线形叠加的,其叠加方式为:相邻桥臂异号,相对桥臂同号。

充分利用电桥的这一特性不仅可以提高应变测量的灵敏度及精度,而且可以解决温度补偿等问题。

(3)温度补偿片。温度的变化对测量应变有着一定的影响,消除温度变化的影响可采用以下方法。实测时,把粘贴在受荷载构件上的应变片作为 R_1,以相同的应变片粘贴在材料和温度都与构件相同的补偿块上,作为 R_2,以 R_1 和 R_2 组成测量电桥的半桥,电桥的另外两臂 R_3 和 R_4 为测试仪内部的标准电阻,则可以消除温度影响。

利用这种方法可以有效地消除温度变化的影响,其中作为 R_2 的电阻应变片就是用来平衡温度变化的,称为温度补偿片。

四、实验步骤

(一)BZ2208-A 静态应变测力仪实验操作步骤

1. 静态电阻应变部分

(1)在开机前,按照测试要求,参照电桥连接方法,连接好测试点的应变片。

(2)接通电源,应变仪应预热 20 min。

(3)参数设置:开机后,进入 H＊＊状态,需按设置/退出键,进入参数设置状态。移位键和修改键用来移动和修改闪烁位的数字,可应用到各设置更改状态。每次按选择键,进行下一步的设置。

S1(1/4 桥测量的结束点):6。

S2(半桥测量的结束点):S2>S1。

S3(1/4 桥应变片的灵敏度系数):2.0。

S4(半桥应变片的灵敏度系数):2.0。

S5(全桥应变片的灵敏度系数):2.0。

S6(1/4 桥是否进行补偿):0(否),1(接补偿)。

S7(1/4 桥的补偿方式,多少点分配 1 个补偿点):如接补偿,S7＝6 或 6 以上;如未接补偿,忽略此设置,按选择键,进行下一步的设置。

S8(清空或保留历史的自动测量数据):0(不变),1(清空)。

S9(确认是否让更改的设置生效):0(不生效),1(生效)。

按设置/退出键,完成设置。

(4)电桥平衡设置:在 H＊＊状态下,按面板上平衡键,进行自动平衡设置。然后按手动键,依次检测各点平衡状况,即是否显示为零,如不为零,需按平衡键进行手动平衡设置。平衡完成后,按退出键。(如显示为 H,表示未连接上,需检查线路连接状况)

（5）平衡后，可以进行测量。按手动键，可进行手动测量；再按手动键，可以进行下一测点测量；也可以按设置/退出键，进行中途退出。

按自动键可以进行自动测量，当一个测点测量结束后，自动测量下一个测点，直到扫描结束，然后返回 H＊＊状态，＊＊加 1，测量结果被仪器存储。

按读取键可以读取已经存储的某次自动测量数据。通过移位键、修改键可以设置要读取的自动测量数据次数 H＊＊，再按读取键，进行数据读取。按手动键，可以进行手动读取；按自动键，可以进行自动读取。

2. 测力部分

（1）令仪器进入正常工作状态。（将力传感器连入后面板测力输入插座，仪器处于正常工作状态。如果传感器的灵敏度和量程与仪器的设置不符，就要重新对仪器进行设置）

（2）按确认键，进入输入密码提示窗口。（按增键或减键，将示值调整到与密码相同的值 1996。如密码被修改，按减键，将 1996 减到 0，按确认键，即恢复原密码）

（3）按确认键，进入显示设置 SET 状态。（再按确认键，就不进行重新设置，返回到正常工作状态）

（4）按减键，进入传感器量程设置状态。按增键或减键，将示值调整为传感器量程值为 500 kg。

（5）量程设置完成后，按确认键，仪器进入单位设置状态。单位有两种选择：kg 与 t。按增键循环显示两种单位。

（6）单位设定后，按确认键，仪器进入传感器灵敏度设置状态。按增键、减键，将示值调整到传感器的灵敏度值。灵敏度值限制在 0.8～2.2。本仪器灵敏度设置为 1.700。

（7）传感器灵敏度设置完成后，按确认键，仪器进入传感器编号设置状态，按增键、减键，将示值调整为传感器编号值(4 位有效数字)。（可以不设置这一项）

（8）传感器编号设置完成后，按两次确认键，进入小数点设置。按确认键，确认小数点在数右侧第一位（P. 位置），返回正常工作状态。（按增键，可以改变小数点位置）

（9）进行测量之前，先进行零点偏差消除。按减键，消除上一次零点记忆值。如果示值为零，则不需要再次消除零点偏差；如果示值不为零，按增键，消除本次零点偏差值。偏差消除之后，仪器显示测量值为零。

（10）按增键平衡。（加初始荷载后，需再次平衡）现在可以进行测量。

（二）具体实验步骤

（1）把等强度梁安装于实验台上，注意加载点要位于等强度梁的轴对称中心。

（2）将传感器连接到 BZ2208－A 测力部分的信号输入端，将梁上应变片的导线分别接至应变仪 1～3 通道的 A、B 端子上，公共补偿片接在公共补偿端子上。检查并记录各测点的顺序。

（3）打开仪器，设置仪器的参数、测力仪的量程和灵敏度。

（4）本实验取初始荷载 $P_0=20$ N，$P_{\max}=100$ N，$\Delta P=20$ N，以后每增加荷载 20 N，记录应变读数 ε_i，共加载 5 级，然后卸载。再重复测量，共测 3 次。取数值较好的一组，记录到数据列表中。

(5)未知灵敏度的应变片的简单标定：沿等强度梁的中心轴线方向粘贴未知灵敏度的应变片，焊接引出导线并将引出导线接至 4 通道的 A、B 端子上，重复以上(3)、(4)步骤。

(6)实验完毕，卸载。实验台和仪器恢复原状。

五、实验数据记录

原始数据记录在表 1-6-1 中。

表 1-6-1　原始数据记录

荷载 P/N	应变仪读数 $\varepsilon/\mu(10^{-6})$							
	ε_1	$\Delta\varepsilon_1$	ε_2	$\Delta\varepsilon_2$	ε_3	$\Delta\varepsilon_3$	ε_4	$\Delta\varepsilon_4$
−20		—		—		—		—
−40								
−60								
−80								
−100								
	—		—		—		—	
平均值	$\Delta\varepsilon_{已知}$				$\Delta\varepsilon_{未知}$			
灵敏度 $=2.00\times\Delta\varepsilon_{未知}/\Delta\varepsilon_{已知}$								

六、数据处理(计算结果保留两位小数)

计算得到实验值、理论值和相对误差填入表 1-6-2。

表 1-6-2　实验值、理论值和相对误差计算

测点	应力		相对误差/%
	实验值/MPa	理论值/MPa	
1			
2			
3			
4			

七、思考题

1. 分析实验值与理论值不完全相等的原因。

2. 本实验中对应变片的尺寸有无要求？为什么？

3. 用什么方法可提高测量等强度梁表面应变的灵敏度？

实验七　弯扭组合主应力实验

在工程实际中，构件在荷载作用下往往发生两种或两种以上的基本变形，即组合变形。经简化后，构件表面处于平面应力状态，薄壁圆筒在弯扭组合变形下的实验就是一个典型代表。

一、实验目的

1. 用应变电测法测定二向应力状态下的主应力大小及方向，并与理论值进行比较。

2. 掌握用应变花测量某一点主应力大小及方向的方法。

3. 通过在不同的特征部位粘贴应变片及双向交变加载，反映不同的受力形式引起的应变及其方向的变化。

二、实验原理

通过对应力单元体的分析可知，要得到平面应力状态下单元体主应力大小及方向，需要知道单元体两垂直方向的应力大小和方向及剪应力大小和方向。在进行弹性模量电测实验时，通过粘贴两垂直方向的应变片从而测得 $\varepsilon_{纵}$、$\varepsilon_{横}$，并有 $\sigma_{纵}=\varepsilon_{纵}\times E$，也就是说该纵向应力可以通过该方向的应变直接得到，但不能将此推广为：任意方向的应力与该方向的应变为简单的 $\sigma_\alpha=\varepsilon_\alpha\times E$ 关系。譬如：在弹性模量电测实验中有 $\sigma_{纵}=\varepsilon_{纵}\times E$ 是正确的，$\sigma_{横}=\varepsilon_{横}\times E$ 则是错误的，因为在单向拉压状态时，$\sigma_{横}=0$，$\varepsilon_{横}$ 是由 $\varepsilon_{纵}$ 引起的而不是由 $\sigma_{横}$ 引起的，$\varepsilon_{横}=\varepsilon_{纵}\times\mu$。由泊松比的定义可知，在双向应力状态下，与任意应力方向同向的应变包含垂直方向应变引起的分量，此时的应力不能简单由 $\sigma_\alpha=\varepsilon_\alpha\times E$ 来求得。同样，在平面应力状态下，ε_α 还包含剪应变 γ 引起的分量。

为简化分析，取如图 1-7-1 所示的单元体进行分析，依据胡克定律可得

$$\left.\begin{aligned}\varepsilon_1{}^* &= \frac{1}{E}(\sigma_1-\mu\sigma_2)\\ \varepsilon_2{}^* &= \frac{1}{E}(\sigma_2-\mu\sigma_1)\end{aligned}\right\}\tag{1-7-1}$$

式中　σ_1——最大主应力；

σ_2——最小主应力；

$\varepsilon_1{}^*$——最大主应力(σ_1)方向的线应变；

$\varepsilon_2{}^*$——最小主应力(σ_2)方向的线应变；

E——弹性模量；

μ——泊松比。

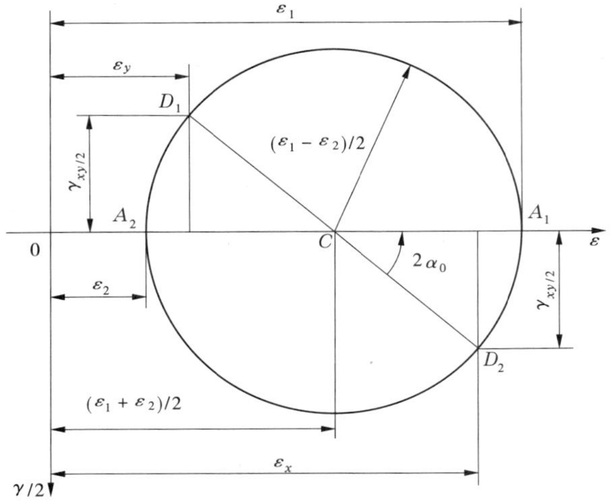

图 1-7-1　平面应力状态下应变圆

$$\left.\begin{aligned}\sigma_1 &= \frac{E}{1-\mu^2}(\varepsilon_1{}^* + \mu\varepsilon_2{}^*)\\ \sigma_2 &= \frac{E}{1-\mu^2}(\varepsilon_2{}^* + \mu\varepsilon_1{}^*)\end{aligned}\right\}\tag{1-7-2}$$

为方便不同方向应变的表述，设定测点坐标系，定义测点处的应变分量分别为 ε_x、ε_y、γ_{xy}，定义与 x 轴夹角为 α 方向的应变为 ε_α，并规定 α 角以逆时针转动为正，则有

$$\varepsilon_\alpha = \varepsilon_x\cos^2\alpha + \varepsilon_y\sin^2\alpha + \gamma_{xy}\sin\alpha\cos\alpha \tag{1-7-3a}$$

经三角函数关系变换后，得到

$$\varepsilon_\alpha = \frac{1}{2}(\varepsilon_x + \varepsilon_y) + \frac{1}{2}(\varepsilon_x - \varepsilon_y)\cos2\alpha + \frac{1}{2}\gamma_{xy}\sin2\alpha \tag{1-7-3b}$$

可以看出，所得的 ε_α 表达式与平面应力状态下 σ_α 的表达式类同，据此可得到如图 1-7-1 所示横坐标为 ε，纵坐标为$-\gamma/2$ 的应变圆，此应变圆可表示出平面应力状态下一点处不同方向应变的变化规律。

由于在平面应力状态下，σ_1 与 σ_2 为主应力，在此平面内 $\tau=0$，故其 $\gamma=0$，由应变单元体分析可知，在 $\gamma=0$ 时，$\varepsilon_1{}^*$、$\varepsilon_2{}^*$ 为主应变，即 $\varepsilon_1{}^*=\varepsilon_1$，$\varepsilon_2{}^*=\varepsilon_2$。这样，主应力的测量就可以转化为主应变的测量。

$$\left.\begin{aligned}\sigma_1 &= \frac{E}{1-\mu^2}(\varepsilon_1 + \mu\varepsilon_2)\\ \sigma_2 &= \frac{E}{1-\mu^2}(\varepsilon_2 + \mu\varepsilon_1)\end{aligned}\right\}\tag{1-7-4}$$

通过图 1-7-1 所示平面应力状态下应变圆可知

$$\left.\begin{aligned}\varepsilon_1 &= \frac{1}{2}\left[(\varepsilon_x+\varepsilon_y)+\sqrt{(\varepsilon_x-\varepsilon_y)^2+\gamma_{xy}^2}\right]\\ \varepsilon_2 &= \frac{1}{2}\left[(\varepsilon_x+\varepsilon_y)-\sqrt{(\varepsilon_x-\varepsilon_y)^2+\gamma_{xy}^2}\right]\\ 2\alpha_0 &= \arctan\frac{\gamma_{xy}}{\varepsilon_x-\varepsilon_y}\end{aligned}\right\}\tag{1-7-5}$$

在实际测量中，可以直接测量到 ε_x、ε_y，但无法直接测得 γ_{xy}，但由三点可确定唯一的圆可知，只要知道任意三个方向的线应变就可以确定唯一的应变圆，在实际测量中，为粘贴及确定主应力（变）方向方便，往往采用直角应变花或等角应变花。通常直角应变花的粘贴方式如图 1-7-2 所示。

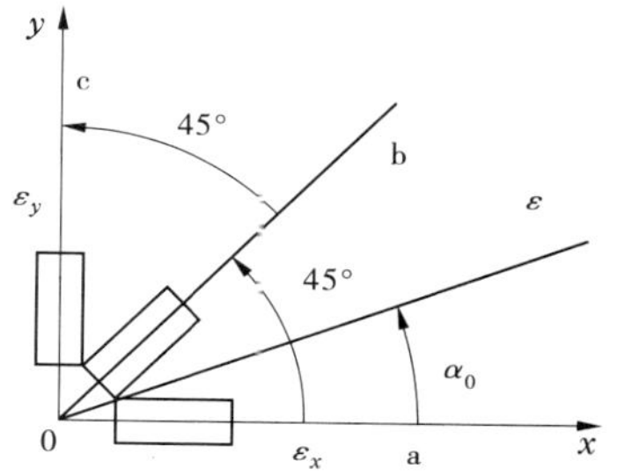

图 1-7-2　直角应变花垂直粘贴方式

由 α 角方向的线应变公式（1-7-3a）可得

$$\left.\begin{aligned}\varepsilon_x &= \varepsilon_a\\ \varepsilon_y &= \varepsilon_c\\ \gamma_{xy} &= 2\varepsilon_b-(\varepsilon_a+\varepsilon_c)\end{aligned}\right\}\tag{1-7-6}$$

将式（1-7-6）代入式（1-7-5）可得

$$\left.\begin{aligned}\varepsilon_1 &= \frac{1}{2}\left\{(\varepsilon_a+\varepsilon_c)+\sqrt{2\left[(\varepsilon_a-\varepsilon_b)^2+(\varepsilon_b-\varepsilon_c)^2\right]}\right\}\\ \varepsilon_2 &= \frac{1}{2}\left\{(\varepsilon_a+\varepsilon_c)-\sqrt{2\left[(\varepsilon_a-\varepsilon_b)^2+(\varepsilon_b-\varepsilon_c)^2\right]}\right\}\\ 2\alpha_0 &= \arctan\frac{2\varepsilon_b-(\varepsilon_a+\varepsilon_c)}{\varepsilon_a-\varepsilon_c}\end{aligned}\right\}\tag{1-7-7}$$

将式（1-7-7）代入式（1-7-4）可得

$$\left.\begin{aligned}\sigma_1 &= \frac{E}{1-\mu^2}\left[\frac{1+\mu}{2}(\varepsilon_a+\varepsilon_c)+\frac{\sqrt{2}(1-\mu)}{2}\sqrt{(\varepsilon_a-\varepsilon_b)^2+(\varepsilon_b-\varepsilon_c)^2}\right]\\ \sigma_2 &= \frac{E}{1-\mu^2}\left[\frac{1+\mu}{2}(\varepsilon_a+\varepsilon_c)-\frac{\sqrt{2}(1-\mu)}{2}\sqrt{(\varepsilon_a-\varepsilon_b)^2+(\varepsilon_b-\varepsilon_c)^2}\right]\end{aligned}\right\}\tag{1-7-8}$$

实际测试时，有时采用如图 1-7-3 所示的粘贴方式，此时，由于三个应变片的相互位置关系未发生变化，主应变 ε_1、ε_2 的计算公式同式（1-7-7），主应力的计算公式同式（1-7-8），主应变的方向与应变片 a 的夹角 α_a 可表示为

$$2\alpha_a = \arctan\frac{2\varepsilon_b-(\varepsilon_a+\varepsilon_c)}{\varepsilon_a-\varepsilon_c}\tag{1-7-9}$$

而 $\alpha_0=\alpha_a-45°$，故有 $2\alpha_0=2\alpha_a-90°$，则

$$\tan(2\alpha_0)=\frac{-1}{\tan(2\alpha_a)}\tag{1-7-10}$$

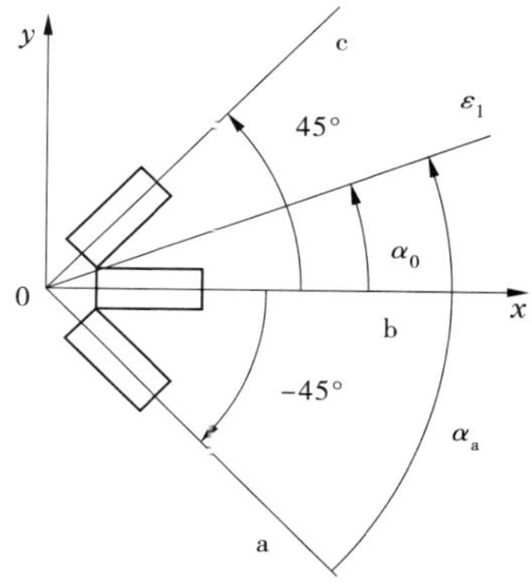

图 1-7-3　直角立变倾斜 45°粘贴方式

由式(1-7-9)得

$$\tan(2\alpha_a)=\frac{2\varepsilon_b-(\varepsilon_a+\varepsilon_c)}{\varepsilon_a-\varepsilon_c} \tag{1-7-11}$$

将式(1-7-11)代入式(1-7-10)可得

$$2\alpha_0=\arctan-\left[\frac{\varepsilon_a-\varepsilon_c}{2\varepsilon_b-(\varepsilon_a+\varepsilon_c)}\right] \tag{1-7-12}$$

这样便得到了直角应变倾斜45°粘贴时的主应力(变)与 x 轴的夹角。

主应力测试时,有时还用如图1-7-4所示的等角应变花,同直角应变花主应变的推导方式,可得其主应变及方向的表达式:

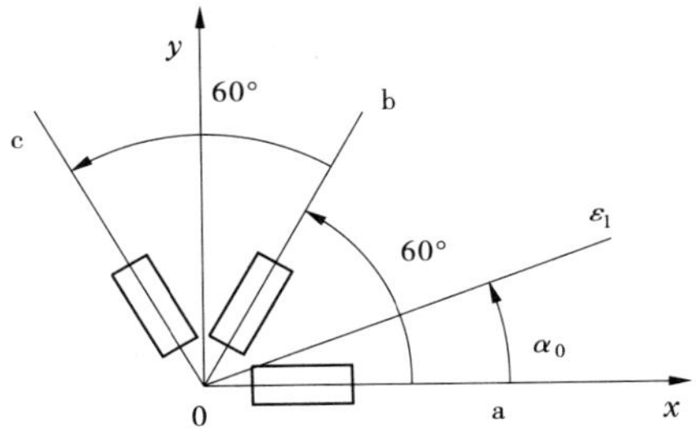

图1-7-4　等角应变花的粘贴方式

$$\left.\begin{aligned}\varepsilon_1&=\frac{\varepsilon_a+\varepsilon_b+\varepsilon_c}{3}+\frac{\sqrt{2}}{3}\sqrt{(\varepsilon_a-\varepsilon_b)^2+(\varepsilon_b-\varepsilon_c)^2+(\varepsilon_c-\varepsilon_a)^2}\\\varepsilon_2&=\frac{\varepsilon_a+\varepsilon_b+\varepsilon_c}{3}-\frac{\sqrt{2}}{3}\sqrt{(\varepsilon_a-\varepsilon_b)^2+(\varepsilon_b-\varepsilon_c)^2+(\varepsilon_c-\varepsilon_a)^2}\\2\alpha_0&=\arctan\frac{\sqrt{3}(\varepsilon_b-\varepsilon_c)}{2\varepsilon_a-\varepsilon_b-\varepsilon_c}\end{aligned}\right\} \tag{1-7-13}$$

三、静态应变测力仪设置

(一)静态电阻应变部分

(1)在开机前,按照测试要求,参照电桥连接方法,连接好测试点的应变片。

(2)接通电源,应变仪应预热20 min。

(3)参数设置:

开机后,进入H＊＊状态,需按设置/退出键,进入参数设置状态。移位键和修改键用来移动和修改闪烁位的数字,可应用到各设置更改状态。每次按选择键,进行下一步的设置。

S1(1/4桥测量的结束点):6。

S2(半桥测量的结束点):S2>S1。

S3(1/4桥应变片的灵敏度系数):2.0。

S4(半桥应变片的灵敏度系数):2.0。

S5(全桥应变片的灵敏度系数):2.0。

S6(1/4桥是否进行补偿):0(否),1(接补偿)。

S7(1/4 桥的补偿方式,多少点分配 1 个补偿点):如接补偿,S7 = 5 或 6 以上;如未接补偿,忽略此设置,按选择键,进行下一步的设置。

S8(清空或保留历史的自动测量数据):0(不变),1(清空)。

S9(确认是否让更改的设置生效):0(不生效),1(生效)。

按设置/退出键,完成设置。

(4)电桥平衡设置:在 H * * 状态,按面板上平衡键,进行自动平衡设置。然后按手动键,依次检测各点平衡状况,即是否显示为零,如不为零,需按平衡键进行手动平衡设置。平衡完成后,按退出键。(如显示为 H,表示未连接上,需检查线路连接状况)

(5)平衡后,可以进行测量。

按手动键,可进行手动测量;再按手动键,可以进行下一个测点测量;也可以按设置/退出键,进行中途退出。

按自动键可以进行自动测量,当一个测点测量结束后,自动测量下一个测点,直到扫描结束,然后返回 H * * 状态,* * 加 1,测量结果被仪器存储。

按读取键可以读取已经存储的某次自动测量数据。通过移位键、修改键可以设置要读取的自动测量数据次数 H * *,再按读取键,进行数据读取。按手动键,可以进行手动读取;按自动键,可以进行自动读取。

(二)测力部分

(1)令仪器进入正常工作状态。(将力传感器连入后面板测力输入插座,仪器处于正常工作状态。如果传感器的灵敏度和量程与仪器的设置不符,就要重新对仪器进行设置)

(2)按确认键,进入输入密码提示窗口。(按增键或减键,将示值调整到与密码相同的值 1996。如密码被修改,按减键,将 1996 减到 0,按确认键,即恢复原密码)

(3)按确认键,进入显示设置 SET 状态。(再按确认键,就不进行重新设置,返回到正常工作状态)

(4)按减键,进入传感器量程设置状态。按增键或减键,将示值调整为传感器量程值为 500 kg。

(5)量程设置完成后,按确认键,仪器进入单位设置状态。单位有两种选择:kg 与 t。按增键循环显示两种单位。

(6)单位设定后,按确认键,仪器进入传感器灵敏度设置状态。按增键、减键,将示值调整到传感器的灵敏度值。灵敏度值限制在 0.8~2.2。本仪器灵敏度设置为 1.700。

(7)传感器灵敏度设置完成后,按确认键,仪器进入传感器编号设置状态,按增键、减键,将示值调整为传感器编号值(4 位有效数字)。(可以不设置这一项)

(8)传感器编号设置完成后,两次按确认键,进入小数点设置。按确认键,确认小数点在右数第一位(P. 位置),返回正常工作状态。(按增键,可以改变小数点位置)

(9)进行测量之前,先进行零点偏差消除。按减键,消除上一次零点记忆值。如果示值为零,则不需要再次消除零点偏差;如果示值不为零,按增键,消除本次零点偏差值。偏差消除之后,仪器显示测量值为零。

(10)按增键平衡。(加初始荷载后,需再次平衡)现在可以进行测量。

四、基本参数

试件原始参数记入表 1-7-1 中。

表 1-7-1　试件原始参数

外径 b/mm	内径 h/mm	轴惯性矩 I_z/mm^4	静矩 S^*/mm^3	抗弯模量 W_z/mm^3	抗扭模量 W_P/mm^3	扭转力臂 L_n/mm	弯曲力臂 L_{w_1}/mm	弯曲力臂 L_{w_2}/mm

弹性模量(MPa):E=

泊松比:μ=

应变片阻值(Ω):R=

应变片灵敏度系数:K=

五、测试数据及实验结果

(一)弯扭杆左侧实验结果分析

弯扭杆左侧实测应力、理论应力及误差计算值填入表 1-7-2。

表 1-7-2　弯扭杆左侧实测应力、理论应力及误差计算

序号	荷载/kN		实测应变/με											
			左上应变片						左下应变片					
			45°		0°		-45°		45°		0°		-45°	
	P	ΔP	ε	ε/kN	ε	ε/kN	ε	ε/kN	ε	ε/kN	ε	ε/kN	ε	ε/kN
1														
2														
3														
4														
5														
6														
平均应变值/(με/kN)														
实测应力/(MPa/kN)	σ_1													
	σ_2													
理论应力/(MPa/kN)	σ_1													
	σ_2													
误差/%	σ_1													
	σ_2													

(二)弯扭杆右侧实验结果分析

弯扭杆右侧实测应力、理论应力及误差计算结果填入表 1-7-3。

表 1-7-3　弯扭杆右侧实测应力、理论应力及误差计算

序号	荷载/kN		实测应变/$\mu\varepsilon$																							
			前侧应变片						上边应变片						后侧应变片						下边应变片					
			45°		0°		−45°		45°		0°		−45°		45°		0°		−45°		45°		0°		−45°	
	P	ΔP	ε	ε/kN	ε	ε/kN	ε	ε/kN	ε	ε/kN	ε	ε/kN	ε	ε/kN	ε	ε/kN	ε	ε/kN	ε	ε/kN	ε	ε/kN	ε	ε/kN	ε	ε/kN
1																										
2																										
3																										
4																										
5																										
6																										
平均应变值（$\mu\varepsilon$/kN）																										
实测应力/（MPa/kN）	σ_1																									
	σ_2																									
理论应力/（MPa/kN）	σ_1																									
	σ_2																									
误差/%	σ_1																									
	σ_2																									

实验八　压杆稳定实验

压杆失稳是压杆稳定平衡状态的改变，压杆失稳的过程是压杆的稳定平衡状态由直线平衡状态向弯曲平衡状态改变的过程，若失稳过程中荷载可控，压杆将建立弯曲平衡状态，其承载力为临界荷载；若失稳过程中荷载不可控，压杆将无法建立弯曲平衡状态，横向变形持续增加直至压杆屈服破坏。工程实际中，经常会出现由于局部压杆的失稳导致整个结构瞬间破坏的情形，就是这个道理。

一、实验目的

1. 测量不同支撑约束条件下压杆的临界荷载，验证欧拉公式。

2. 通过有侧向干扰的压杆稳定实验，证明在材料没有失效的情况下，压杆失稳实际上是由一种平衡状态过渡到另一种平衡状态，即同一个压杆，在相同的荷载下有两个平衡状态，失稳是指平衡状态的改变，而非失去平衡状态。

3. 了解工程中压杆失稳破坏的机制，明白为何工程中压杆失稳往往是瞬间破坏的道理。

二、实验原理

如图 1-8-1(a)所示的理想中心受压直杆，在压杆受轴向压力 F 作用下，施加侧向干扰荷载 F'，此时，在轴向压力 F 与横向干扰荷载 F' 的共同作用下，压杆会发生如图 1-8-1(a)所示的弯曲变形。实验表明，当轴向压力 F 不大时，撤去横向干扰荷载 F' 后，压杆将恢复其原来的直线平衡状态，如图 1-8-1(b)所示，说明此时压杆的直线平衡状态是稳定的平衡状态；当轴向压力增加到一定的临界值时，重复同样的横向干扰实验，压杆将保持弯曲平衡状态，而无法恢复到原来的直线平衡状态，如图 1-8-1(c)所示，说明此时压杆的直线平衡状态是不稳定的平衡状态，而弯曲平衡状态是稳定的平衡状态。

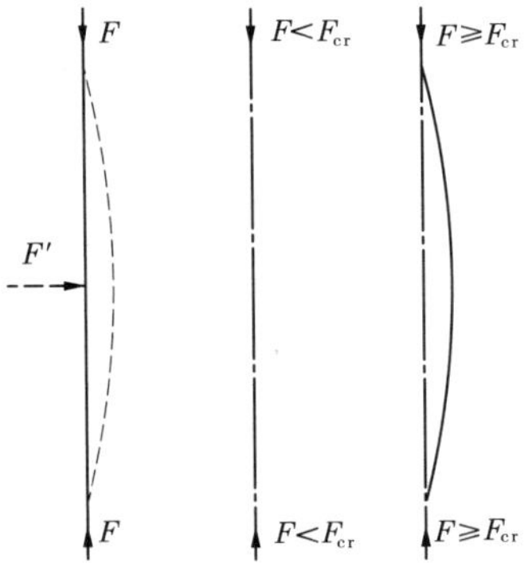

图 1-8-1　压杆的平衡状态

由此可见,受轴向压力作用的压杆的平衡状态有两种:一种是直线平衡状态,另一种是弯曲平衡状态。在不同的轴向压力作用下,一种平衡状态是稳定的,另外一种平衡状态是不稳定的。在轴向压力较小时,直线平衡状态是稳定的,弯曲平衡状态是不稳定的,当轴向压力达到一临界值时,直线平衡状态是不稳定的,弯曲平衡状态是稳定的。我们把压杆的直线平衡状态由稳定平衡状态转化为不稳定平衡状态时所受压力的临界值,称为临界压力,用 F_{cr} 表示,并定义为:中心受压直杆在临界压力 F_{cr} 作用下,直线平衡状态由稳定平衡状态转化为不稳定平衡状态(或称直线平衡状态丧失稳定性)为“压杆失稳”,简称“失稳”。

这里需要注意的是,压杆失稳实际上是指压杆稳定平衡状态的改变,而非压杆破坏,也即压杆在失稳状态下,只要其应力没有达到屈服应力,压杆仍可保持平衡状态,仍有确定的承载力,且其承载力高于临界压力 F_{cr}。但由于压杆失稳后,压杆最大应力与荷载的关系由原来的线性关系转变成类似幂函数关系,使得此时压力稍有增加,应力便会急剧增加,故习惯上定义压杆的临界压力为压杆的极限安全承载力,有时被误称为“极限承载力”。实际上,理想细长压杆在直线平衡状态且没有侧向干扰的情况下,其可承受轴向压力远大于临界压力,但当其在弯曲平衡状态时,其可承受的压力接近临界压力。

现以两端铰支的压杆失稳后挠曲线中点挠度 δ 与压力 F 之间的关系说明此问题。

两端铰支的压杆在轴向压力 F 作用下失稳后的曲线形态如图 1-8-2 所示,利用压杆失稳时挠曲线的精确微分方程得到挠曲线中点挠度 δ 与轴向压力 F 之间的近似关系为

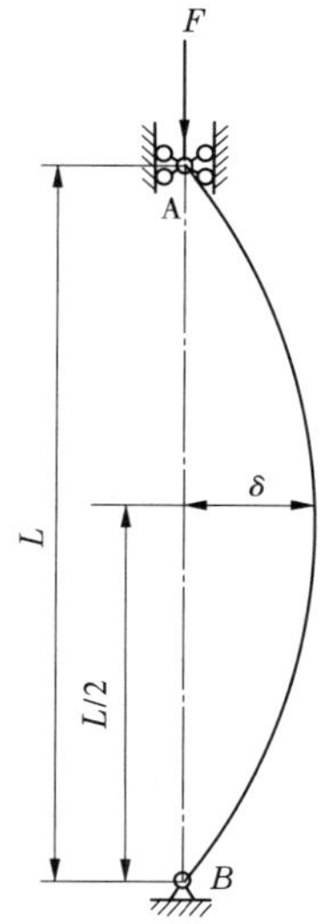

图 1-8-2　压杆失稳后弯曲平衡状态

$$\delta = \frac{2\sqrt{2}l}{\pi}\sqrt{\frac{F}{F_{cr}} - 1}\left[1 - \frac{1}{2}\left(\frac{F}{F_{cr}} - 1\right)\right] \qquad (1\text{-}8\text{-}1)$$

式中,$F_{cr} = \dfrac{\pi^2 EI}{l^2}$为由欧拉公式得到的压杆两端铰支的失稳临界压力。依式(1-8-1)绘出的 F–δ 关系曲线如图 1-8-3 所示,可以看出,当 $F \geqslant F_{cr}$ 时,压杆在微弯平衡状态下,虽压力与挠度存在一一对应关系,但当 F 增加很小的情况下,横向挠度 δ 迅速增加,压杆所处的平衡状态接近于随遇平衡状态,因此往往定义 F_{cr} 为压杆失稳的安全荷载。实验中可以通过横向挠度 δ 的突然增加来判断压杆是否失稳。

由于压杆失稳时试件由直线状态突然变为弯曲状态,即试件前后两侧面上的应变增加方向在试件失稳的瞬间发生改变。因此,实验中也可通过测量压杆前后两侧面上应变的方式来判断杆件是否失稳。由式(1-8-1)得压杆失稳后中间截面的弯矩 M 为

$$M = F\delta = \frac{2\sqrt{2}Fl}{\pi}\sqrt{\frac{F}{F_{cr}} - 1}\left[1 - \frac{1}{2}\left(\frac{F}{F_{cr}} - 1\right)\right] \qquad (1\text{-}8\text{-}2)$$

此时,试件上的应力由压应力与弯曲应力两部分组成,因此中间载面前后两侧面上的应力 σ 可由式(1-8-3)求得

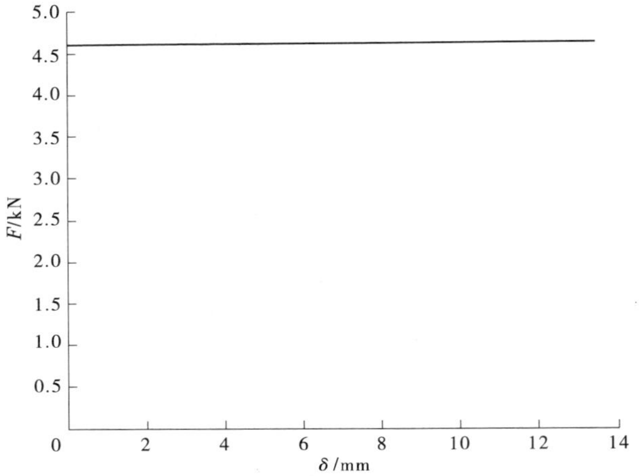

图 1-8-3　理想压杆的 F-δ 关系曲线

$$\sigma_{1,2}=-\frac{F}{A}\pm\frac{M}{W}=-\frac{F}{A}\pm\frac{2\sqrt{2}Fl}{W\pi}\sqrt{\frac{F}{F_{cr}}-1}\left[1-\frac{1}{2}\left(\frac{F}{F_{cr}}-1\right)\right] \tag{1-8-3}$$

压杆在整个实验过程中为单向应力状态，故有

$$\varepsilon_{1,2}=\frac{\sigma}{E}=-\frac{F}{EA}\pm\frac{M}{EW}=-\frac{F}{EA}\pm\frac{2\sqrt{2}Fl}{EW\pi}\sqrt{\frac{F}{F_{cr}}-1}\left[1-\frac{1}{2}\left(\frac{F}{F_{cr}}-1\right)\right] \tag{1-8-4}$$

依式(1-8-4)绘出的理想压杆的 F-ε 关系曲线如图 1-8-4 所示，可以看出：当 $F<F_{cr}$ 时，压杆前后两侧的应变相同且与压力 F 呈线性关系；当 $F\geqslant F_{cr}$ 时，两侧应变的增加方向相反，据此，同样可方便找到压杆的失稳点。

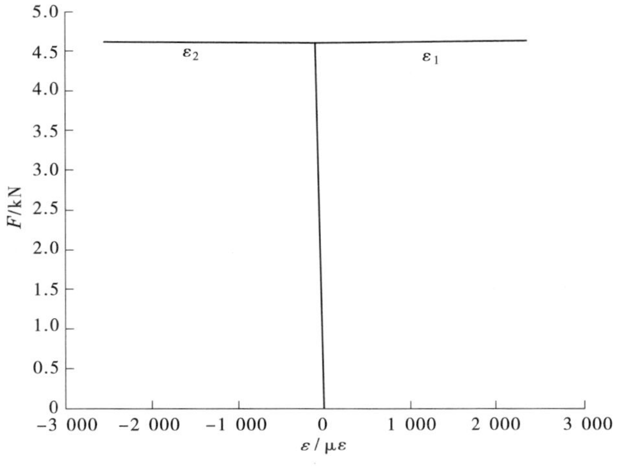

图 1-8-4　理想压杆的 F-ε 关系曲线

以上所讲的均是对理想压杆而言的，实际上，理想压杆是不存在的，实验中所用的试件都有一定的初始弯曲，这样，如何在实验中使得由初始弯曲的压杆保持直线受压平衡状态，就成为实验成败的关键。另外，使压杆由直线平衡状态转化为弯曲平衡状态的条件是

侧向干扰,选择合适的侧向干扰也是实验的重要组成部分。

鉴于此,采用应变测试判断法的实验方案,通过监测压杆两侧应变的大小来判断压杆是否处于直线受压状态,在压杆的中间设置一调直支撑,该支撑可调节压杆中间点位置,使得压杆两侧的应变相等,证明压杆处于直线受压状态。此时,施加侧向干扰,压杆弯曲,干扰去除后若恢复为直线平衡状态,则说明施加干扰前压力小于临界压力;若干扰去除后保持弯曲平衡状态,则说明施加干扰前的压力大于或等于临界压力,且弯曲平衡后压杆所承受的当前压力等于或略大于临界压力,可据此确定该压杆的临界压力。

三、实验方案

(一)实验设备、测量工具及试件

多功能材料力学试验机、150 mm 游标卡尺、压杆稳定实验装置(见图 1-8-5)。

多功能材料力学试验机由试验机主机部分和数据采集分析两部分组成,主机部分由加载机构及相应的传感器组成,数据采集分析部分完成数据的采集、分析等。

试件采用矩形截面的试件,两端铰接,材质:65 Mn,弹性模量:210 GPa 左右。在两侧面的中央,粘贴有电阻应变片,用以测量试件的应变。

在实验装置的两侧面有压杆侧向调节及干扰装置。其位置可上下调整。

图 1-8-5　压杆稳定实验装置

(二)装夹、加载、安全控制方案

1. 装夹

安装好的试件如图 1-8-5 所示。实验时,压杆的两端通过轴承与上下支座相连接。当对轴承的转动不进行约束时,支承形式就为铰接;当对轴承进行防转约束时,支承形式就为固接。

2. 加载

控制油缸活塞杆上行时,试件受压,加载的速度控制及压力的大小由进油手轮及压力调节手轮联合控制。侧向控制及侧向力干扰通过控制侧向调节装置及干扰装置完成。

3. 安全控制

在实验过程中需设置位移报警控制,当压杆轴向位移达到一定值时停止加载或控制油缸活塞杆反向运行,以保证压杆工作在弹性阶段。

(三)数据测试方案

压力的大小测试同压缩实验。应变通过粘贴的电阻应变片测量,应变测量采用 1/4 桥的接线方式。

实验时也可采用将前后两侧面应变片串联起来的测试方式,这样直线平衡时测得的应变理想值为零,实稳瞬间应变突然增加。但这样做无法测得在直线平衡状态下的应变,也就无法通过直线平衡状态的应变实测压杆的弹性模量。

(四)数据的分析处理

数据采集分析系统实时记录试件所受的力及应变，并生成力应变实时曲线及力应变 $X-Y$ 曲线，图 1-8-6 为在多功能材料力学试验机上实测压杆的 $F-\varepsilon$ 关系曲线。

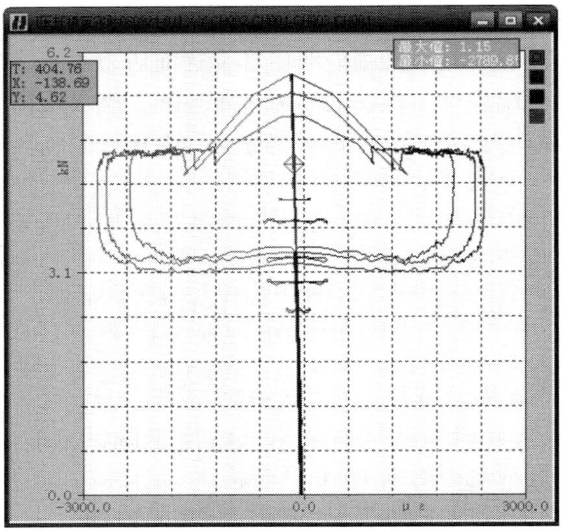

图 1-8-6　实测压杆的 $F-\varepsilon$ 关系曲线

从图 1-8-6 中可明显看出：

(1)在直线平衡状态时，两侧的应变相同，且与压力呈线性关系，并据此可实测压杆的弹性模量 E。

(2)在压力 $F<F_{cr}$ 时，施加侧向干扰压杆弯曲，干扰撤除后，压杆恢复原来的直线平衡状态，说明此时直线平衡状态为稳定平衡状态。

(3)在压力 $F>F_{cr}$ 时，施加侧向干扰压杆弯曲，不等撤除干扰，弯曲量迅速扩大，应变同样迅速分向增加，直至压力降低到一稳定值后，压杆处于弯曲平衡状态。此时，若稍施加压力，应变明显增加。

(4)在压杆失稳后，虽弯曲平衡状态为稳定平衡状态，但从 $F-\varepsilon$ 关系曲线可以看出，在 F 增加很小的情况下，应变迅速增加，压杆所处的平衡状态接近于随遇平衡状态，故此时压杆所受的压力接近(实际上是略大于)压杆失稳的临界荷载 P_{cr}，在工程精度范围内可定义此时的压力为压杆失稳的临界压力 P_{cr}。

(5)多次实验时，虽每次在直线平衡状态的压力不同，但失稳到弯曲平衡状态时，依步骤(4)得到的临界压力 P_{cr} 是稳定的，故此判断临界压力 P_{cr} 的方案可行。

四、实验步骤

(一)试件原始参数的测量

实验采用如图 1-8-5 所示矩形截面形状的试件，用游标卡尺在粘贴应变片中部的两侧，多次测量试件的宽度 b_0 和厚度 h，计算试件的截面面积 S_0，并查相关资料，预估其直线平衡状态下弹性段极限承载力及失稳临界压力。

(二)试件装夹

1. 调定系统的压力

首先确定试验机的状态,上部转接套处于固接状态,卸掉下转接套及相关连接部分。为确保试件安全及方便控制加载速度,在所需荷载较小时,需设定系统工作压力。在油缸活塞杆无连接件的情况下,打开“压力调节手轮”,关闭“进油手轮”“油泵启动”“拉伸下行”,打开“进油手轮”至正常工作位置,使油缸活塞杆下行至最低位置,此时压力表指示的压力就是系统工作时的最大压力,通过调整“压力控制手轮”的位置调节系统工作压力至要求值,压杆稳定中,系统的工作压力设定为 20 kN。调整完成后,关闭“进油手轮”“油泵停止”“拉压停止”。

2. 安装试件

第一步,将压杆稳定实验装置整体安装到油缸活塞杆上,旋转实验装置,使实验装置与油缸活塞杆紧密结合。

第二步,通过转动油缸活塞杆,调整压杆与试验机框架至合适的位置关系,以方便实验过程中控制侧向调整及干扰装置。

第三步,控制油缸活塞杆上行,使压杆稳定实验装置的受力点与上夹头套的施力点相距 2~3 mm,关闭进油手轮,此时承压转接件可在转接套内灵活转动。调整完成后,“油泵停止”“拉压停止”。

这样就完成了试件装夹。

3. 调整压杆的工作状态

根据实验需要,调整压杆的支承。

(三)连接测试线路

按要求连接测试线路,一般第一通道选择测压力,第三通道测油缸过活塞杆位移,其余通道测应变。连线时应注意不同类型传感器的测量方式及接线方式,连线方式应与传感器的工作方式相对应。应变的测试采用单片共用补偿片的方式,将被测应变片依次连接到测试通道中,连接时注意应变片的位置、方向与测试通道的对应关系。

(四)设置采集环境

1. 进入测试环境

按要求连接测试线路,确认无误后,打开仪器电源及计算机电源,双击桌面上的快捷图标,提示检测到采集设备→确定→进入如图 1-8-6 所示的测试环境。同前面的实验一样,首先检测仪器,通过文件—引入项目,引入所需要的采集环境。

2. 设置测试参数

第一项:系统参数。

采样方式:采样频率为“20~100 Hz”,“拉压测试”需要特别注意的是,压杆稳定实验是一个非破坏性实验,我们需要通过设置报警通道来保护试件。做实验时,当实测数据达到报警设定值时,油缸就会按照指定的要求反向运行或停止运行。压杆稳定实验报警通道一般设置为油缸活塞杆位移通道,报警值由实验预估最大轴向位移确定。

注意:在报警参数的设置中需考虑加载转接件与夹头套的间隙,此间隙装夹试件时要调整好间隙,间隙在 2~3 mm 较为合适。

第二项：通道参数。

测量压力、位移的通道，设置通道参数。其余通道测量应变，对于设置为应力应变的通道需将其修正系数“b”设置为“1”。进入应力应变测试，由于采用共用补偿片，需要输入桥路类型—选择“方式一”，当选择“方式一”时需要输入的参数有：应变计电阻、导线电阻、灵敏度系数、工程单位，并选择相应的满度值。

第三项：窗口参数。

可以开设两个数据窗口：左窗口，荷载、应变实时曲线；右窗口，纵坐标——荷载，横坐标——压杆前侧应变和后侧应变，并设定好窗口的其他参数如坐标等。

3. 数据预采集，验证报警参数

1）数据预采集

确定采集设备各通道显示的满度值与通道参数的设定值相一致后，选择“控制”—“平衡”—“清零”—“启动采样”，输入相应的文件名，选择好存储目录以后便进入了相应的采集环境。此时，从实时曲线窗口内便可以读到相应的零点数据，证明采集环境能正常工作。

2）验证报警参数

关闭“进油手轮”，选择“拉压自控”“油泵启动”“压缩上行”，打开“进油手轮”，油缸活塞杆上行，注意观察加载转接件的位置，控制加载速度，缓慢加载，至位移下限报警值时油缸活塞杆自动反向向下运行，证明报警功能可用。验证在该报警值下的应变值，若报警值不满足要求，可适时修改至合适值。验证完成后，观察加载转接件的位置，当加载转接件处于加载套的中间位置时，关闭“进油手轮”，停止采集数据。这样就完成了数据采集环境的设置。

若设备无通道报警功能需设置限位开关的位置来控制自动反向运行，并进行验证。

（五）加载测试

1. 确定设备工作状态

在确信设备和采集环境运行良好以后便可以开始正式的加载实验了。首先关闭“进油手轮”，选择“油泵启动”“压缩上行”。前面已经设置好了采集环境，选择平衡，清除零点，启动采样。这样就采集到我们所需要的数据。

2. 初始调直

打开“进油手轮”，进行加载，加载应注意观察加载转接件的位置，当加载转接件不受力时，可以加快加载速度，当加载转接件接近受力时应放慢加载速度使轴向压力为缓慢加载状态，至20%估计临界压力时，关闭“进油手轮”，比较两侧应变片的应变值，此时应变由于初始弯曲的作用，两侧应变应不等，据此判断压杆的弯曲方向，将压杆外凸一侧的调直装置的顶杆旋出与压杆相接触，缓慢调节，至两侧面的应变相等后停止。

3. 持续加载，并施加侧向干扰

继续缓慢加载，并不断微调侧向调直装置，至压力达到80%临界力可开始施加侧向干扰荷载，观测压杆平衡状态的变化情况。然后继续进行加载—调直—干扰的循环，直至压杆出现平衡状态的改变（压杆失稳现象）后，关闭“进油手轮”停止加载。

4. 持续加载，并施加侧向干扰

观测此时压杆平衡状态的特点，稍加压力后，应变会较大增加。

5. 重复实验

卸载后,重复上述加载过程,比较临界压力的稳定性,采集到准确的三组数据后,可停止实验。当加载转接件不受力时就可以关闭“进油手轮”、选择“拉压停止”“油泵停止”按钮,然后停止采集数据。

6. 进行其他类型压杆稳定的实验

依据实验需要,可进行两端固支,一端固支、一端铰支以及有中间辅助支承的压杆稳定实验。

五、基本参数

试件原始参数记录在表 1-8-1 中。

表 1-8-1　试件原始参数

截面	厚度/ h/mm	平均直径 h_0/mm	宽度 b_0/mm	平均厚度 b/mm	面积 S_0/mm^2	惯性矩 I_z/mm^4	长度 l_0/mm	平均长度 l/mm
截面Ⅰ								
截面Ⅱ								

六、测试数据及实验结果

测试数据及实验结果填入表 1-8-2 和表 1-8-3 中。

表 1-8-2　实测数据

序号	荷载/kN		纵向应变 $\varepsilon/\mu\varepsilon$			
			第一次		第二次	
	P	ΔP	ε	$\Delta\varepsilon/\Delta P$	ε	$\Delta\varepsilon/\Delta P$
1						
2						
3						
4						
5						
6						
平均应变值/($\mu\varepsilon$/kN)						
二次平均值/($\mu\varepsilon$/kN)						
弹性模量 E/GPa $E=\Delta F/(S_0\varepsilon)$						

表 1-8-3　理论临界力、实测临界力和误差计算

支撑方式	杆件计算长度 L/ mm	理论临界力 F_{cr}/N	实测临界力 F/N	误差/%
两端铰支				
两端固支				
一端固支、一端铰支				

七、数据分析

(一)验证理论公式

通过实验前的测量及实验后的数据读取就得到了所需要的数据,代入相应的公式或计算表格即可得到弹性模量 E,经计算可得压杆理论临界力,并与临界压力 P_{cr} 相比较,可验证不同条件下欧拉公式的正确性,寻找实验误差产生的原因及可能的解决方法。

(二)明确压杆失稳的真正含义,明确失稳与破坏的关系

从实验中可明显看出,压杆失稳实际上是指压杆在侧向干扰的作用下,压杆稳定平衡状态的改变,压杆由原来的直线平衡状态转变为弯曲平衡状态,只要其应力没有达到屈服应力,压杆仍可保持平衡状态,仍有确定的承载力,压杆也就不会破坏。

侧向干扰在压杆失稳中是诱因,是必不可少的,理想的直杆在没有侧向干扰的情况下其承载压力高于临界压力。

失稳的准确含义是指压杆在侧向干扰的作用下,压杆的直线平衡状态由稳定平衡状态转为不稳定平衡状态,与之相对应的是弯曲平衡状态由不稳定平衡状态转为稳定平衡状态;而破坏是指压杆的最大应力达到屈服应力。因此,压杆失稳多发生在压应力没有达到屈服应力的情况下(实际上屈服后的压杆也有失稳的现象),失稳后压杆也不一定破坏。

(三)根据压杆失稳的特点,分析工程中压杆失稳多导致失稳突发破坏的原因

从图 1-8-6 实测的压杆的 $F-\varepsilon$ 关系曲线可以看出,虽压杆失稳后仍可保持平衡状态且有确定的承载力,但此确定承载力明显低于失稳前的荷载,且此时,荷载-应变(应力)关系曲线基本为水平直线,即荷载稍有增加,应力便会有较大的增加。这样,当压杆失稳后,加在压杆上的荷载若不能及时减小到压杆可承受的范围内,压杆的应力将会迅速达到屈服应力,导致压杆的破坏。而工程中的实际情况往往是在压杆失稳的瞬间,不仅荷载无法降低,而且由于失稳过程的重力冲击,往往会出现一旦失稳,需要压杆承受的荷载不仅不会减小,而且还需增加的情形,这样,就导致了压杆失稳破坏的瞬间性。

如在 2001 年 ,美国“9 · 11 事件”中,世界贸易中心大厦在遭撞机事件后,并没有立即倒塌,而是在起火 45 min 后从起火点层依次向下破坏(后遭撞机事件的大厦),分析原因,是因为火灾的高温使得着火层材料的弹性模量及屈服强度降低,导致着火层压杆的临界压力下降,发生压杆失稳现象,失稳后荷载无法减小,这样就导致失稳的加速,最终材料屈服破坏,破坏过程产生的冲击荷载使得下一层在更大荷载下失稳屈服破坏,依次向下,最终以梯次加快的速度破坏。

需要注意的是,在整个事件中,先遭撞机事件的大厦(简称 1#大夏)并没有先“倒塌”(应为失稳屈服破坏),而是在后遭撞机事件的大厦(简称 2#大厦)“倒塌”后才“倒塌”的,分析其原因,因为 2#大厦遭撞机的部位较低,也即压杆的承受压力较大,易发生失稳现象,稍有干扰即可失稳。1#大厦由于遭撞机的部位较高,在 2#大厦“倒塌”前,火灾对其产生的影响并没有使其压杆达到临界状态或屈服状态,由于 2#大厦倒塌的震动导致的着火层荷载增加,诱发了 1#大厦的着火层的压杆的失稳屈服,最终导致其先着火,后破坏。

八、思考题

1. 在整个加载过程中,压杆平衡状态的稳定性有何变化？如何解释这种状态转变的机制？

2. 请说明在整个实验加载过程及实验数据分析中压杆的中间截面的前后侧面的电阻应变片有什么作用？

3. 两端铰支的压杆失稳后轴向荷载 F 和中间截面的侧向挠度 f 及应变 ε 有何关系,这种关系呈现出什么规律？对我们判断压杆失稳的临界荷载会有什么帮助？

4. 压杆失稳以后，尽管可以强迫试件变形量不断增加，但试件所能承受的荷载基本稳定，能否说明失稳后所建立的弯曲平衡是稳定的？并据此进一步说明失稳和破坏的关系。

第二部分　结构力学实验

实验一　杆件结构的基本要素及实验装置的加载测试原理

一、结构力学实验的研究方法

从几何角度看,结构可以分为三类:杆件结构、板壳结构、实体结构。结构力学以杆件结构为主要研究对象。主要任务是根据力学原理研究结构在外力和其他外界因素作用下的内力和变形,结构的强度、刚度、稳定性和动力反应,以及结构的组成规律等。所谓的杆件结构,是指结构由一系列横截面尺寸(h)比长度尺寸(L)小得多的($h/L<1/4$)杆件组成,起重机吊臂、网架结构、南京长江大桥、埃菲尔铁塔等都是杆件结构的典型形式。整个结构与外界连接的支撑部分称为支座,杆件之间、杆件与支座之间的结合部称为结点,作用于结构上的外力称为荷载。也就是说,杆件结构由杆件、结点、支座组成,杆件结构的力学分析就转化成对杆件、结点及支座的受力分析。

结构的力学特性分析通常的做法是,首先根据结构的类型选用合适的分析软件,然后依据一定的简化原则,得到了实际结构的结构计算简图,最后施加确定荷载,就可得到该荷载下结构的内力、结点位移等。但由于在结构简化过程中及计算过程中均会引入误差,计算的结果与实际测试结果往往会有一定的有时甚至是很大的误差,通过实验,将实测数据与计算数据相比对,对于判定结构单元的性质、明确分析软件的适用范围有着重要作用。

结构力学实验的对象主要为杆件结构,数据测试、分析的主要内容为轴力、弯矩及结点位移,在实际测试时可以测得结点位移及杆件上某一点的应变,但无法直接得到杆件上的轴力及弯矩,通常的做法是通过在杆件同一截面的对称粘贴电阻应变片的方法经计算可测得该截面的轴力及弯矩,应变的平均值由轴力引起,应变的差值由弯矩引起。

二、实验装置及杆件结构基本要素简介

实验在如图 2-1-1 所示的 YJ-ⅡA 型结构力学组合实验装置上进行,实验装置由加载框架部分、实验模型、支座、加载部分、数据采集分析部分等组成。整个实验装置由底座、下横梁、左立柱、右立柱、中间移动立柱、上横梁、移动竖梁、支座、实验模型、加载小车、拉压加载装置、直线导轨、测力传感器、拉压加载杆、数据采集分析系统等结构组成。

YJ-ⅡA 是为结构力学、钢筋混凝土结构设计、钢结构设计实验教学使用的组合式实验装置,整体采用立体门式框架结构形式,所有结构构件均采用 200 mm×200 mm H 型钢加工,直线导轨安装在 H 型钢内,在直线导轨上安装通用小车,小车可沿导轨滑动或固定,实验模型支座、加载装置等均需安装在加载小车上。支座、加载点均有多种类型,可同时实现多点、多方向拉压力加载,加载点的数量及方向不限。

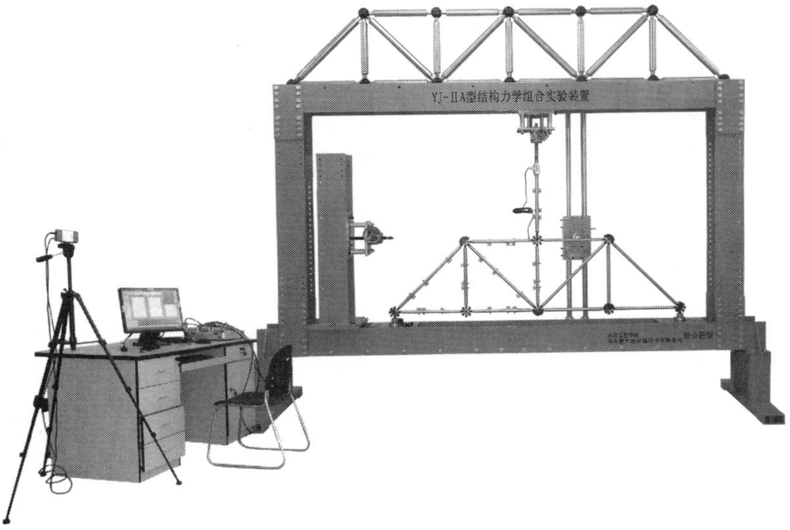

图 2-1-1　YJ-ⅡA 型结构力学组合实验装置

同时,在框架内可安装移动立柱,在框架平面外可安装移动竖梁等以方便不同类型实验的进行。

在 YJ-ⅡA 型结构力学组合实验装置上可进行各类平面结构模型的实验,模型的最大尺寸为 2 500 mm×1 200 mm,在模型上需设置相应的支座及加载点。

结构力学以杆件结构为主要研究对象,并将杆件结构简化为杆件元、结点元、支座,这样杆件结构的力学分析就转化成对杆件、结点及支座的受力分析,并根据结点及杆件的受力特点,将结构定义为桁架、刚架及组合结构等。

(一)杆件

1. 杆件的结构形式

杆件如图 2-1-2 所示,采用薄壁方管,管两端有安装用的定位孔。杆件有定长杆件与可调杆件两种,杆件上粘贴有电阻应变片,并装有接线插座,以方便应变测试及应变测试快速接线。

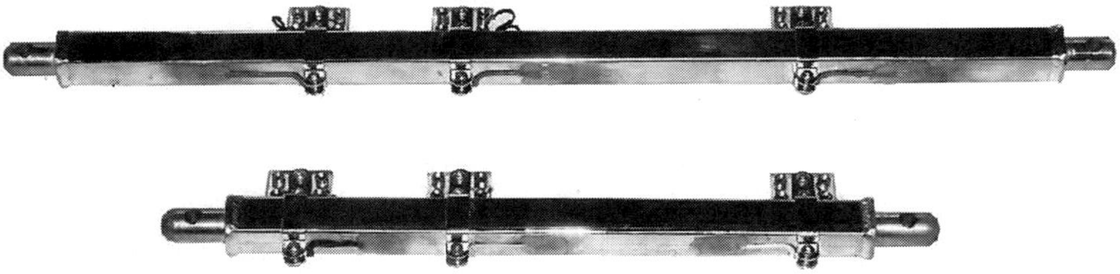

图 2-1-2　杆件的结构

电阻应变片的粘贴采用多点对称粘贴的方式,在杆件的中间部位及两端分别对称粘贴电阻应变片,以测量杆件的轴力以及不同位置的弯矩,应变的平均值由轴力引起,应变的差值由弯矩引起。安装时需注意杆件应变片与结构平面的位置关系，尤其是实验中有不可忽略的弯矩时，应确保应变片能够测得最大应变。

2. 杆件轴力、弯矩测试原理

结构力学的实验最终结果是要将实测值与理论值相比较，对杆件结构实验而言，通常两者比较的项目为轴力、弯矩及结点位移。在实际测试时，为不影响结构的力学特性，杆件轴力、弯矩的测试通常采用杆件测试法，具体测试方法如下：

实验前，在杆件的中间部位及两端定向对称粘贴电阻应变片，由于实验杆件结构为平面应力状态，粘贴应变片时使应变片处于对杆件弯矩敏感的方向，应确保应变片能够测得最大应变，这样测点两侧的应变就为由轴力引起的应变与由弯矩引起的应变的叠加，假定测得的两应变为 ε_1、ε_2，则该杆件的轴力为

$$N = EA\frac{\varepsilon_1 + \varepsilon_2}{2} \tag{2-1-1}$$

杆件该截面弯矩产生的最大应力为

$$\sigma = E\frac{\varepsilon_1 - \varepsilon_2}{2} \tag{2-1-2}$$

截面弯矩的大小为

$$M = \frac{\sigma}{W_z} = \frac{E(\varepsilon_1 - \varepsilon_2)}{2W_z} \tag{2-1-3}$$

3. 常用杆件的基本参数

圆环截面杆件材料为 Q235，弹性模量为 210 GPa，外径为 22 mm，内径为 20 mm。

矩环截面杆件材料为 Q235，弹性模量为 210 GPa，宽为 20 mm，壁厚为 1 mm。

（二）结点

结点是指杆件连接区的简化，理解的结点有铰结点和刚结点两种，铰结点的特点是能传递轴力但不能传递弯矩，刚结点的特点是既能传递轴力也能传递弯矩。由于结点是对杆件连接区的简化，而简化后的结点是没有大小的，因此在对结构结点简化的过程中，不可避免地需对杆件进行有误差的简化，忽略了杆件端部与中间的不同，将其简化为等 *EI*、等 *EA* 的直杆，杆件的计算长度也是从结点到结点的距离。

从结点性质的定义可以看出，现实结构中不存在理想的铰结点，但对于较简单的结构存在近似的铰结点，对于多杆相交的结点要实现较理想铰接就变得非常困难了，而且现实中的铰接或多或少地存在间隙，这些都会对实验结果产生较大误差。但实际结构中存在理想的刚结点，例如：我们可以把一个杆件"简化"成中间刚结的两根直杆。

由于理想的铰结点是不存在的，这对我们进行桁架结构的内力传递特点测试带来很大不便，或者会带来很大的误差，好在结构力学多数情况下是研究杆件小转角情形下结构的力学特性，根据铰结点的定义，若一个机构在微小的转角下只传递了很小的弯矩，但能传递很大的轴力，那么由其与对应杆件组成的结构的特性就接近桁架结构的力学特性。满足以上特点的铰结点盘结构如图 2-1-3 所示。

结点采用上、下剖分式的圆盘结构，称为结点盘，上盘为通孔，下盘为螺纹孔。安装时，杆件两端的调整螺栓安装在上、下结点盘的圆槽内，并通过螺栓定位、夹紧。结点盘上

与杆件连接的部分称为结点单元,结点单元按功能分为铰结点单元和固结点单元两种。铰结点单元的杆件通过弱连接与结点相连,利用弱连接具有可传递较大轴力但只能传递很小弯矩的力学特性,得到较为理想的铰结点;固结点单元的杆件直接与刚性的结点刚接,既可以传递较大的轴力也可以传递较大的弯矩。结点盘按照结点单元的不同组成类型可分为铰结点盘、固结点盘(见图 2-1-4)及组合结点盘(见图 2-1-5)。

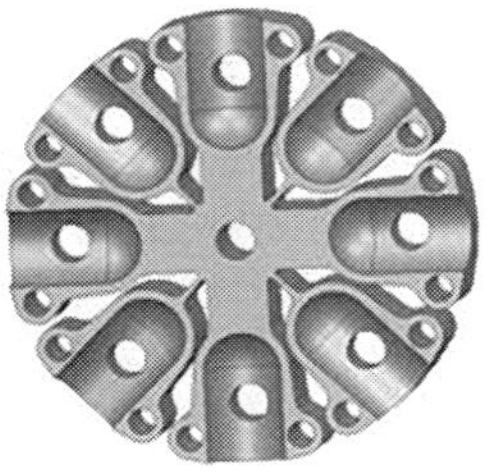

图 2-1-3　铰结点盘

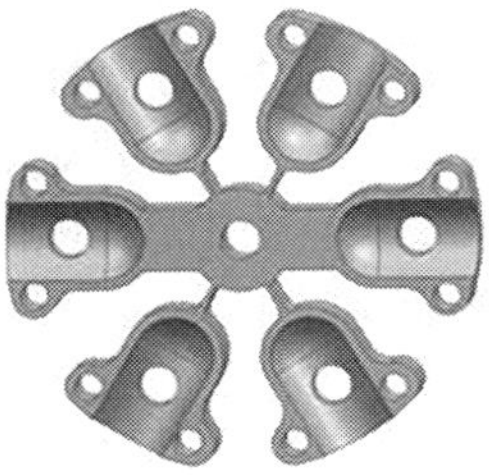

图 2-1-4　固结点盘

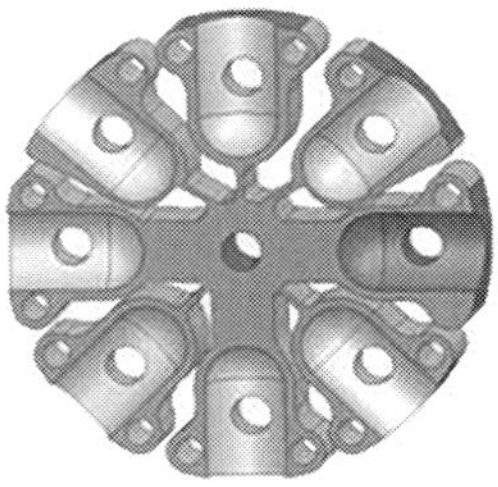

图 2-1-5　组合结点盘

(三)支座

支座安装在通用滑动小车上,可沿周边滑动轨道灵活滑动,通过随车锁紧装置实现滑动与固定转换,支座于模型之间通过支座结点盘相连接,支座结点盘的性质确定支座的固接与铰接,如图 2-1-6 为固定支座的一种实现方式,用加载小车是否固定来确定支座的滑动与固定,图 2-1-7 为支座与加载小车的连接。这样就可方便地得到滑动铰支座、固定铰支座、定向支座、固定支座等不同类型的支座,且可方便转换。可完成的支座种类如图 2-1-8 所示。

图 2-1-6　支座固结点连接示意

图 2-1-7　支座与加载小车的连接

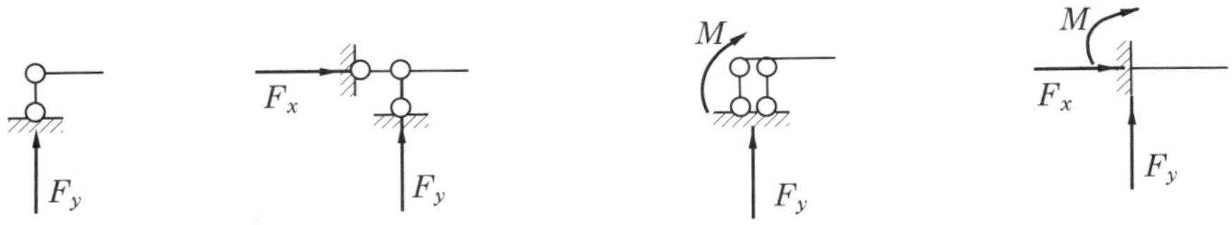

(a)滚轴支座　(b)固定铰支座　(c)定向支座　(d)固定支座

图 2-1-8　各种支座形式的理论简化模型

(四)加载装置

可施加的荷载类型有拉压力、弯矩。加载方式有主蜗轮蜗杆丝杠拉压加载、液压油缸加载、砝码加载等,可直接对测试对象施加多点、多方向的结点拉压力、杆件中间拉压力及结点力矩。设置了应变式拉压力传感器,拉、压力可直接测得。拉、压加载装置安装在通用滑动小车上,加载时可与加载点随动,也可固定不动,加载方向根据需要任意确定。

如图 2-1-9 所示的加载方案,测力传感器一端连接在加载小车上,一端连接在加载刚性杆上,加载刚性杆与加载点的结点盘相连,通过控制蜗轮蜗杆上下运行,可对待测结构实现拉、压双向加载。同时,将水平力连接在弯矩加载杆的施力点时,便施加了结点弯矩,弯矩的大小为拉力与弯矩加载杆长度的积。

另外,还可通过调整结构内部可调杆件的长度施加相应的内力荷载。

图 2-1-9　加载小车

三、传感部分

设置相应的拉压力、位移、应变传感器,以测量实验数据,针对不同类型的实验加载要求,需选用不同类型的加载装置及传感器,同时需记清各传感器的灵敏度系数,在数据采集时需输入相关系数,以得到准确的测量数据。

四、数据测试与分析

数据采集分析部分的作用是采集分析各种实验数据,采用多通道的计算机数据采集、分析系统,通过设置的拉压力传感器、电阻应片、位移传感器等可得到各测点拉、压力及应变、位移、结点弯矩等。

在实验中,静态测试多采用 DH3815N 静态应变测试仪。现对其技术特点及使用方法分别介绍如下。

(一)DH3815N 静态应变测试分析系统功能简介

DH3815N 静态应变测量系统是全智能化的高速巡回数据采集系统。系统采用模块化设计,由计算机、电源/控制器、数据采集模块组成,每个数据采集模块可测量 16 个通道,每个电源/控制器可控制 16 个数据采集模块(256 个通道),每台计算机可控制 16 个电源/控制器(每台计算机最多可控制 4 096 个通道),数据采集箱通过 USB 和计算机通信。

系统最高通道采样速率为 2 Hz,可单次采样,也可连续采样。内置 120 Ω 标准电阻,用户可方便完成全桥、半桥、1/4 桥的状态设置并可对平衡结果进行保存,配接适当的应变式传感器,也可对多点静态的拉力、压力、扭矩、位移等物理量进行测量。通过计算机完成自动平衡、采样控制、自动修正、数据存储、数据处理和分析。

（二）DH3815N 静态应变测试分析系统操作流程

1. 连接测试线路

按测试内容依次接线，荷载的测量通过拉压力传感器，需采用全桥，结点位移的测量采用应变式位移传感器，需接 1/2 桥，应变采用公用补偿片的接线方式，需用 1/4 桥。

2. 设置采样参数

（1）进入测试环境。按要求连接测试线路，确认无误后，打开仪器电源及计算机电源，双击桌面上的快捷图标，提示检测到采集设备，检测到仪器后，系统将自动给出上一次实验的测试参数，如图 2-1-10 所示。根据需要，对测试环境直接套用或设置新的测试参数。

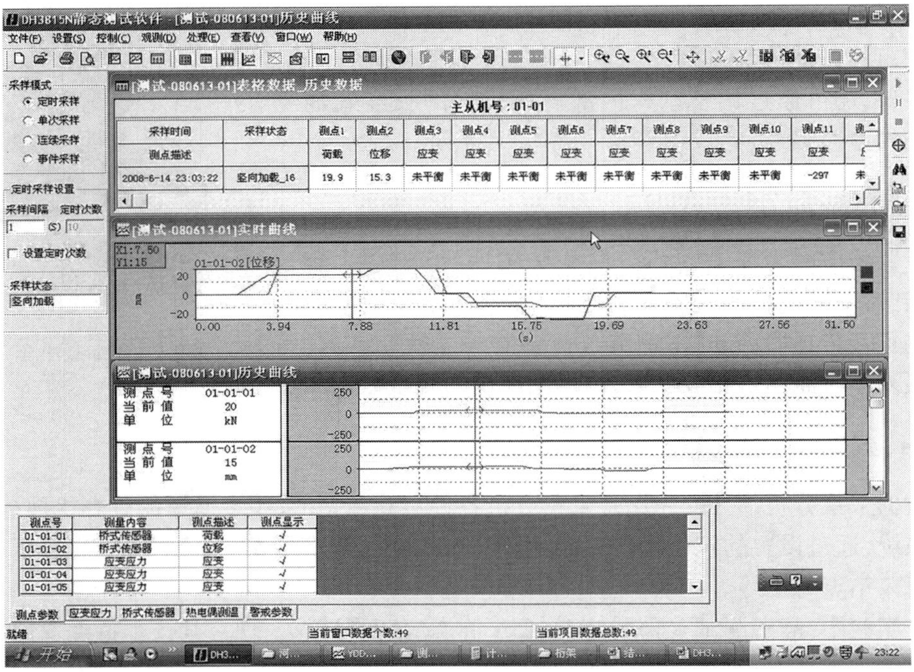

图 2-1-10　数据采集分析环境

（2）调用测试参数。对于相同实验的多次测试，或对于类似实验的测试可采用直接引入测试文件的方式引入以前的测试参数。具体操作：打开“文件”选择“打开项目”，选择合适的项目文件并打开，即调入该数据文件，此时可对该数据文件进行分析，但不能直接进行测试，应继续打开“文件”选择“继续测试”，找到相应的测试系统，即可进行参数设置或直接进行测试。

（3）设置测试参数。测试参数是联系被测物理量与实测电信号的纽带，设置正确合理的测试参数是得到正确数据的前提。测试参数由系统参数、通道参数及窗口参数三部分组成。其中，系统参数包括测试方式、采样频率、报警参数及采样状态等；通道参数反映被测工程量与实测电信号之间的转换关系，由测量内容、转换因子及满度值等组成；窗口参数是指为了在实验中显示及实验完成后分析数据而设置的各种窗口，有实时曲线、$X-Y$ 函数曲线、历史曲线及表格历史数据等。

第一项:通道参数。

通道参数位于采集环境的底部,反映被测工程量与实测电信号之间的转换关系,核心部分由通道号、测量内容、工程单位、桥式传感器灵敏度、量程、应力应变、测点选择等组成。具体设置时通过"测点参数""应变应力""桥式传感器""热电偶测温""警戒参数"设置页面完成。

通道号:每一个测试通道由系统号、模块号、通道号三级编码组成,以其连接完成过后,根据设置,每个通道的通道号唯一确定。

测量内容:由被测电信号的类型决定,有"桥式传感器"及"应力应变"等,荷载及位移的测量选用"桥式传感器"。应变的测量选用"应力应变",并与测试分析系统的通道一一对应。一般选择 1、2 通道测量荷载,3、4 通道测量位移,其余通道测量应变。为方便标记,可对测试内容做简单描述,可根据测试情况,关闭不需要的测试通道。

工程单位:被测物理量的工程单位。荷载:kN,变形:mm,应变:με。

桥式传感器灵敏度:是桥式传感器最重要的技术指标,又称为转换因子,用 mV/EU 表示,EU 为工程单位。例如:一额定荷载(称为量程 FU)为 5 kN 的应变式测力传感器,传感器上灵敏度(称为 $k_{传}$)的标示为:2. 000 mV/V,其表示:当该传感上作用 5 kN 荷载、电桥供电桥压(E)为 1 V 时,其输出的电压绝对值为 2. 000 mV,对拉压力传感器而言,正常情况下拉伸为正,压缩为负。由于我们所选用的测试仪器其供电桥压为 2 V,则需输入的仪器度系数 $k_{仪}$ 按如下公式计算:$k_{仪} = k_{传} E/FU$,由于所选用的测试仪器其供电桥压为 2 V,因此有,$k_{仪} = 2 \times 2 \div 5 = 0.8$。在输入灵敏度系数的同时需输入供电桥压,同样的计算方式应用于应变式位移传感器。图 2-1-11 为桥式传感器通道参数设置。

测点号	传感器灵敏度(mV/EU)	桥压(V)	量程范围(EU)	工程单位(EU)
01-01-01	0.8000	2	25.000	kN
01-01-02	0.2000	2	100.000	mm

图 2-1-11　桥式传感器通道参数设置

量程:所选用仪器的电压量程为 20 mV,具体到不同的测试内容,仪器自动生成相应的工程量程,具体的数值由传感器灵敏度系数确定。

应力应变:应力应变测试是结构力学实验的核心任务和主要手段,随着计算机数据采集分析技术的不断发展,通过输入相应的原始参数,在实际测试工程中可以很方便地得到我们所关心的数据,如应变花的主应力、全桥的单臂应变等。在结构力学实验中往往需同时测量多点的应变,因此往往采用公用补偿片的 1/4 桥的测量方式,其需输入的参数如图 2-1-12 所示。

测点号	桥路类型	桥压(V)	量程范围(EU)	工程单位	修正系数	应变计电阻	导线电阻	灵敏度系数	泊松比	弹性模
01-01-04	方式1	2	20000.000	με	1.0000	120.0000	0.0000	2.0000	0.2800	200
01-01-05	方式1	2	20000.000	με	1.0000	120.0000	0.0000	2.0000	0.2800	200
01-01-06	方式1	2	20000.000	με	1.0000	120.0000	0.0000	2.0000	0.2800	200
01-01-07	方式1	2	20000.000	με	1.0000	120.0000	0.0000	2.0000	0.2800	200

测点参数　应变应力　桥式传感器　热电偶测温　警戒参数

图 2-1-12　应力应变通道参数设置

在应力应变通道参数中,有些选项为系统提供默认项,如桥压、量程等,所有通道均相同,有些则需要与测试对象严格一致,如导线电阻、灵敏度系数,各通道并不一定相同。另外,不同桥路类型的测试接线方式并不相同,根据实际情况选择连接方式。

第二项:采样参数。

“采样参数设置”可在菜单栏中的“查看”下拉菜单中打开,也可通过工具栏中的相应按钮打开或关闭。包括采样模式、采样频率及采样状态等,如图 2-1-13 所示。

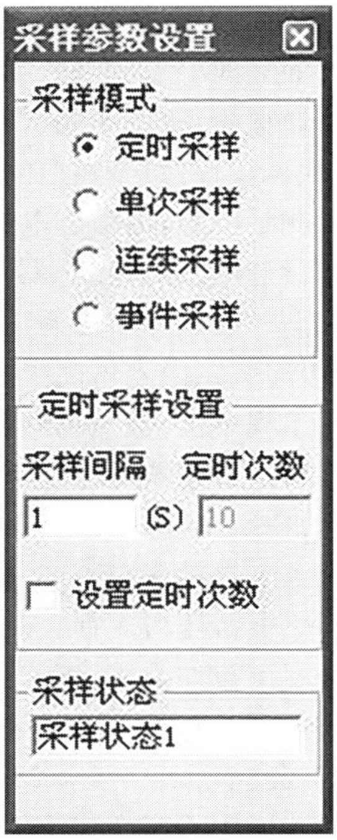

图 2-1-13　采样参数设置

实际测试过程中一般采用定时采样的方式,定时间隔确定采样的快慢,连续采样以最快采样频率(2 Hz)采样测试,事件采样是指到达指定时间时启动采样,选择定时采样的同时,需选择定时采样次数,即采集数据的个数。

第三项:窗口参数。

窗口是指为了在实验中显示及实验完成后分析数据而设置的显示测试数据曲线、表格等,位于整个数据采集分析环境的中部,曲线分为实时曲线、$X-Y$ 函数曲线、历史曲线等,每个实时曲线窗口可显示四条实时曲线,每个 $X-Y$ 函数曲线窗口可显示两条 $X-Y$ 函数曲线。历史曲线包括所有被测通道,每通道单独显示,当前窗口通道数量可选,最多 8 通道,通过滚动条显示不同的通道。实时曲线横坐标为相对时间,历史曲线及历史数据表格时间为绝对时间。通常,重要的数据通道在实时曲线窗口中显示,如荷载、位移、最大应变等。单杆拉伸实验可以开设 1 个实时曲线窗口、1 个历史曲线窗口、1 个数据表格窗口。有时为了在实验过程中控制加载及验证数据的正确性,往往设置一荷载-应变 $X-Y$ 曲线,以观测实验装置是否工作在弹性段及观测数据的重复性。

窗口参数的设置包括窗口的新建、关闭、排列、绘图方式、图例、曲线颜色、文字颜色、统计信息、坐标等,各参数的选择可通过菜单栏或按相应的快捷键进入。

设置坐标参数时,需对被测试件的极限承载力及变形进行预估,这样可以得到较好的图形比例。实际上在数据采集的过程中我们可以随时在不中断数据采集的前提下进行窗口参数的修改,但在实验前对所采集数据进行相应的判断并设置较为合理的窗口,还是很有必要的。

对比当前各参数与实际的测试内容是否相符,若相符进入“数据预采集”;如不符,则应选择正确的参数或通过打开项目的方式引入所需要的测试环境。

3. 数据预采集

(1)数据平衡零。单击菜单栏中的“控制”,选择“平衡”,对各通道的初始值进行硬件平衡,对于无法平衡的通道,会在表格数据中指示。

(2)启动采样。单击菜单栏中的“控制”,选择“启动采样”,选择好数据存储的目录,便进入相应的采集环境,采集到相应的零点数据,此时给杆件施加荷载,应能检测到相应的数据,分析所采集的数据,确认所测试系统及设置各参数的正确性。

4. 加载测试

在杆件处于非受力状态时平衡测点，启动采样，分级加载，得到所需要的测试数据。需要注意的是：DH3815N 为静态采集设备，停止采样重新采样时，并不覆盖原来的数据，而是连接在原来数据的后面，这样就为一个实验多次采集数据提供了方便。得到重复的几组数据后，停止加载，试件恢复到非受力状态，停止采集数据。这样就完成了实验的加载测试过程。

5. 实验数据读取

(1) 验证数据。设置一荷载-应变 $X-Y$ 曲线，以观测数据的线性及重复性。数据应该为线性的且有较好的重复性。

(2) 读取数据。由于桁架实验测试点较多，读数时往往采用历史曲线与数据表格联合读数的方式，在历史曲线中单击右键，选择"显示拆分""数据同步""单光标"，此时移动历史曲线中的光标，实时曲线及数据表格中的数据就会与历史曲线的光标数据同步。读数时，可以通过历史曲线左侧的读数窗、表格数据、实时曲线的光标数据任一方式读取实验数据。

五、实验操作步骤

(一) 实验准备

选择上次实验中，实验数据精度较高的杆件，收集到上次实验得到的原始参数包括杆件的弹性模量 E、外径 D 及壁厚 δ，填入相应的计算表格。当采用可调杆件时，应注意调整可调杆件两固定孔的长度至设计值。同时，收集荷载传感器的灵敏度系数及电阻应变片的阻值、灵敏度系数、导线电阻等。

(二) 组装实验模型

首先将杆件长度调整至设计值，并拧紧端部的锁紧螺丝，然后在地面或桌面上组装杆件模型备用，为方便实验过程中不同实验数据间的比较，可将模型一次组装完成。

(三) 安装实验模型及加载装置

调整各个支座至安装位置，将组装好的杆件结构安装在支座的相应位置，调整加载装置至合适位置，依次连接好测力传感器、转接杆件，通过调整减速机传动杆的位置使得转换杆件连接在结点盘上。需要注意的是，在安装杆件时应注意应变片与框架平面的关系。

(四) 连接线路及设置参数

连接测试线路、设置测试参数及测试窗口等。

(五) 加载测试

首先预估实验最大荷载，经指导教师确认后方可加载测试。在加载过程中，注意控制加载速度及最大荷载，应保证杆件的最大应变不超过 800 $\mu\varepsilon$，得到正确的三组数据后，可停止加载。

(六) 实验数据分析

1. 验证数据

设置荷载-应变 $X-Y$ 曲线，以观测数据的线性及重复性。数据应该为线性的且有较好的重复性。

2. 分析数据

将测得数据与计算的数据相比较，分析实验误差的大小及来源。

六、实验注意事项

(1) 在安装铰结点盘时，应将结点盘及保护罩一起安装，待结点盘和杆件之间的螺栓拧紧以后再将保护罩取下。

(2) 在安装杆件之前，首先要对可调杆件进行定长，将杆件端部的备紧螺栓拧紧。

(3) 在加载过程中，不宜加载过快，利用砝码加载时应轻拿轻放，应保证测试数据的平稳。

(4) 在利用加载小车加载时，应注意支座中心、加载杆件及加载点要共线，避免拉压过程中产生的荷载偏心，加载速度要适中，不要在转动加载手轮时增加多余的侧向力，以免影响实验数据。

实验二　结点性质的对比实验

杆件结构根据其结构结点的性质通常分为：

(1)桁架。杆件由直杆组成，所有的结点均为铰结点。

(2)刚架。杆件由直杆组成，结点全部或部分为刚结点。

(3)组合结构。由桁架和梁或刚架组合在一起形成的结构，其中含有组合结点。

不同结构的力学特性不同，准确判定结构性质是分析结构力学特性的前提，而准确判断结点性质又是分析结构性质的关键。

一、实验目的

1. 掌握杆件内力测试的基本原理，了解应变测试基本技术。
2. 了解不同性质的结点的力学特性。
3. 掌握杆件结构荷载的施加方法。

二、实验原理

门式刚架和排架是厂房类屋架常用的结构形式，也接近最简的杆件结构，门式刚架结构水平荷载作用下的计算简图、内力图如图 2-2-1 所示。门式刚架各结点均为刚结点，从弯矩图及轴力图可以看出，各杆件皆既有弯矩也有轴力，这样可验证刚结点既可传递轴力，也可传递弯矩。

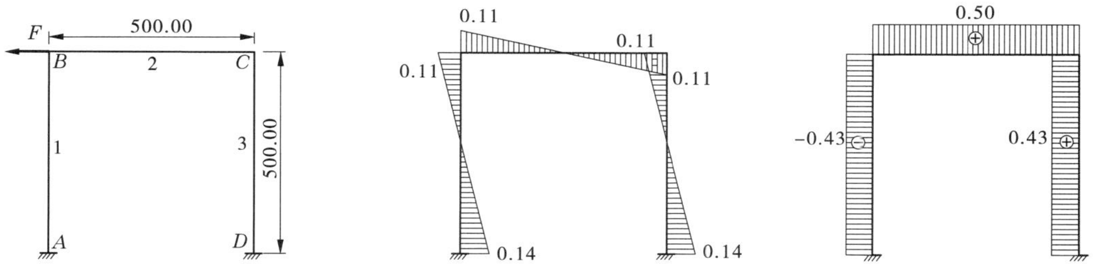

(a)门式刚架计算简图(单位:mm)　(b)门式刚架弯矩图(单位:kN · m)　(c)门式刚架轴力图(单位:kN)

图 2-2-1　门式刚架计算简图及内力图

门式排架结构水平荷载作用下的计算简图、内力图如图 2-2-2 所示。门式排架下部结点均为刚结点，上部结点为铰结点，从弯矩图及轴力图上可以看出，竖杆一端为固结、一端为铰结点，杆件既有弯矩也有轴力，且弯矩在铰结点处为 0，在固结点处最大；横杆两端皆为铰结点，这样可验证刚结点既可传递轴力，也可传递弯矩，铰结点只能传递轴力而不能传递弯矩。

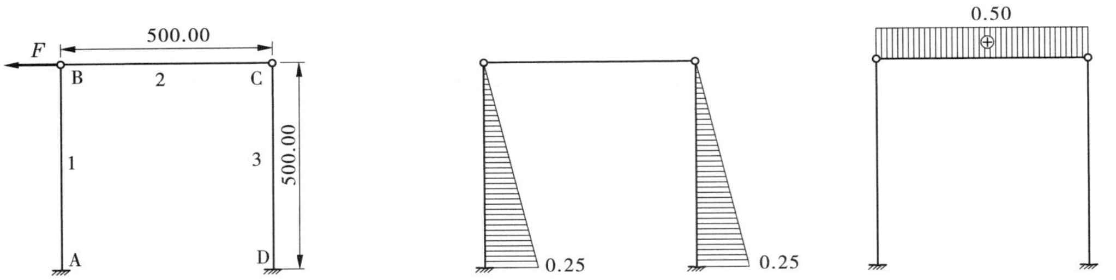

(a)排架计算简图(单位:mm)　(b)排架弯矩图(单位:kN · m)　(c)排架轴力图(单位:kN)

图 2-2-2　门式排架计算简图及内力图

三、加载测试方案

(一)实验模型及加载方式

该实验在 YJ-ⅡA 型多功能结构力学组合实验装置(含数据采集分析系统,下同)上进行,采用通用的结点盘及杆件搭建所需的实验模型,通过蜗轮蜗杆机构手动施加水平荷载,荷载的大小通过拉压力传感器测量,杆件的轴力及不同位置弯矩通过粘贴在杆件不同部位的应变片来测量。

安装好的结构模型如图 2-2-3 所示,门式框架安装在下横梁的导轨上不固定,形成固定支座,加载装置安装在左、右立柱上,通过涡轮蜗杆加载机构施加水平荷载,采用多组分级加载的方式。

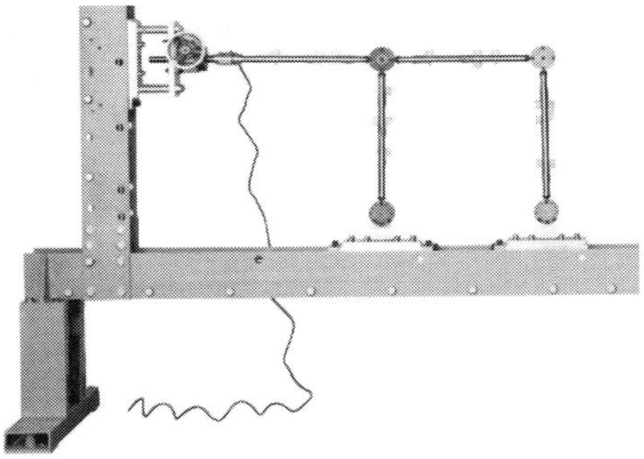

图 2-2-3　门式刚架水平加载测试

(二)加载及模型配置

加载及模型配置见表 2-2-1。

表 2-2-1　加载及模型配置

物品名称	加载小车	滑动小车	杆件支座	杆件 1	结点 1	结点 2
型号	5 kN	5 kN		500	45°刚	45°组合
数量	1	3	2	7	4	4

注:加载小车带相应传感器及加载杆件。

四、具体实验内容

1. 门式刚架水平荷载实验：对门式刚架施加水平推力荷载，测量三个杆件的轴力及弯矩力传递情况，了解刚结点的力学特性。改变荷载方向，观测杆件内力传递变化情况。

2. 门式排架水平荷载实验：对门式排架施加水平推力荷载，测量三个杆件的轴力及弯矩力传递情况，了解刚结点的力学特性。改变荷载方向，观测杆件内力传递变化情况。

实验三　内力及结点位移验证实验——典型桁架结构静载实验

桁架是指杆件由直杆组成,所有的结点均为铰结点的杆件结构。当荷载作用于结点上时,各杆内力主要为轴向拉力或压力,截面上的应力基本上均匀分布,可以充分发挥材料的作用。相对于承受轴力,桁架杆件承受弯矩的能力较弱,因此适合应用于荷载类型为结点荷载(结点拉压力,下同)的结构。根据铰结点的定义,实际工程中理想的桁架是不存在的,但人们还是习惯把一些结点性质类似铰结点或力学特性与桁架相似的,荷载类型为结点荷载的结构称为桁架,如钢屋架、刚架桥梁、输电线路铁塔、塔式起重机机架等。

一、实验目的

1. 掌握理想桁架结构在结点荷载作用下的内力传递规律,认识零杆。
2. 了解铰结点盘实现铰结的原理及合理使用方式。
3. 掌握固定铰支座、滑动铰支座的实现方法。

二、实验原理

桁架中所有的结点均为铰结点,理想铰结点只能传递轴力而不能传递弯矩,由于理想铰结点是不存在的,因此理想的桁架模型也是不存在的。但若根据桁架结构的荷载特点,在杆件受力产生微小转角时,若结点只传递很小的弯矩,那么此时结构的力学特性就接近理想桁架结构的力学特性。采用结点的结构形式如图 2-3-1 所示。

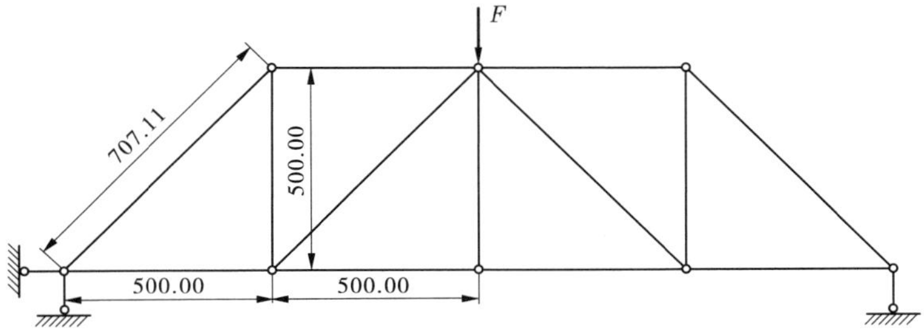

图 2-3-1　四跨梯形桁架计算简图　(单位:mm)

梯形桁架是工程中常用的结构形式,简支的钢架桥、钢屋架多采用类似的结构形式,桁架一个支座为固定铰支座,一个支座为滑动铰支座,梯形桁架多采用跨距与层高相等的结构形式,典型四跨梯形桁架在中间结点施加竖向荷载时计算简图及内力图见图 2-3-1、图 2-3-2,桁架结构结点不传递弯矩,因此在单纯施加结点拉压力荷载时,桁架结构的杆件不承受弯矩,因此不必绘制弯矩图。

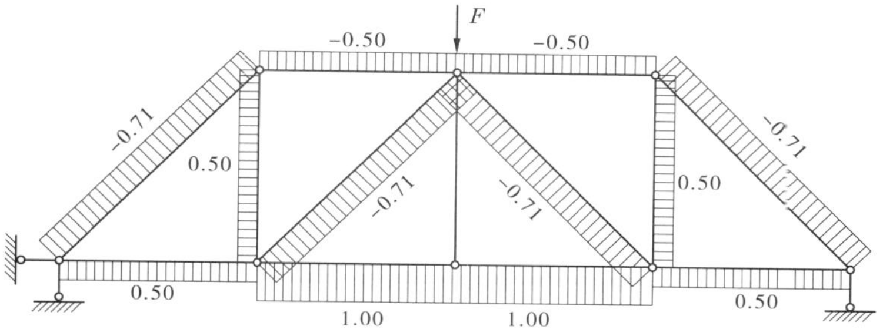

图 2-3-2　四跨梯形桁架内力图　（单位：kN）

从图 2-3-2 内力图可以看出，四跨梯形桁架结构按图 2-3-1 方式施加竖向荷载时，桁架结构的内力对称传递有明显的对称性，不同部位杆件内力种类、大小不同，且有明显差异，对称轴上的竖腹杆为零杆。根据该结构的受力特点，实验时选择测量典型杆件的内力来验证上述内力传递规律。

三、加载测试方案

（一）实验模型及加载方式

该实验在 YJ－ⅡA 型结构力学组合实验装置上进行，采用通用的结点盘及杆件搭建所需的实验模型，通过蜗轮蜗杆机构手动施加竖向荷载，荷载的大小通过拉压力传感器测量，杆件的轴力及不同位置弯矩通过粘贴在杆件不同部位的应变来测量。

安装好的结构模型如图 2-3-3 所示，门式框架安装在下横梁的导轨上不固定，形成固定支座，加载装置安装在左、右立柱上，通过涡轮蜗杆加载机构施加水平荷载，采用多组分级加载的方式。

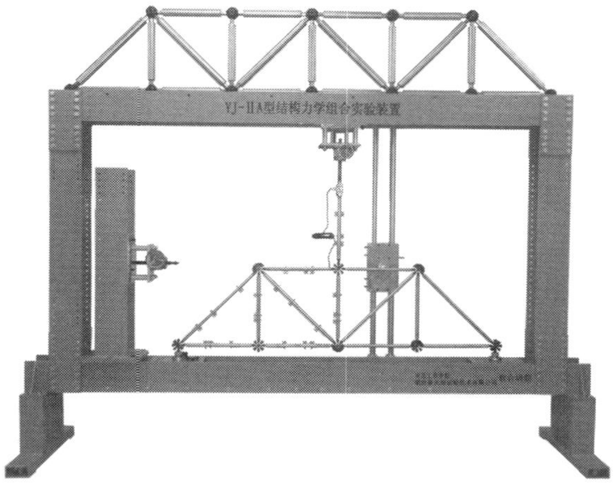

图 2-3-3　四跨梯形桁架竖向加载测试实验

（二）加载及模型配置

加载及模型配置见表 2-3-1。

表 2-3-1　加载及模型配置

物品名称	加载小车	滑动小车	杆件支座	杆件 1	杆件 7	结点 1	结点 2
型号	5 kN	5 kN		500	707	45°组合	45°铰
数量	1	3	2	9	4	3	6

注:加载小车带相应传感器及加载杆件。

四、具体实验内容

(一)中间结点集中荷载实验

在中间结点施加竖向压荷载,测量杆件内力特点,认识零杆。改变荷载方向,观测杆件内力变化。

(二)两侧结点集中荷载实验

在两侧结点施加竖向压荷载,测量杆件内力。改变荷载方向,观测杆件内力变化。

(三)去零杆实验

去掉零杆,重复进行(一)实验内容,分析零杆的力学及结构作用。

(四)杆件荷载实验

在上弦杆中间施加不大于 50 kg 的杆件荷载,观测该杆件弯矩特点。

五、其他相关实验项目

(一)三角形桁架

三角形桁架也是工程中常用的结构形式,理想的三角形桁架在顶点结点施加竖向荷载时,计算简图及轴力图如图 2-3-4 所示。

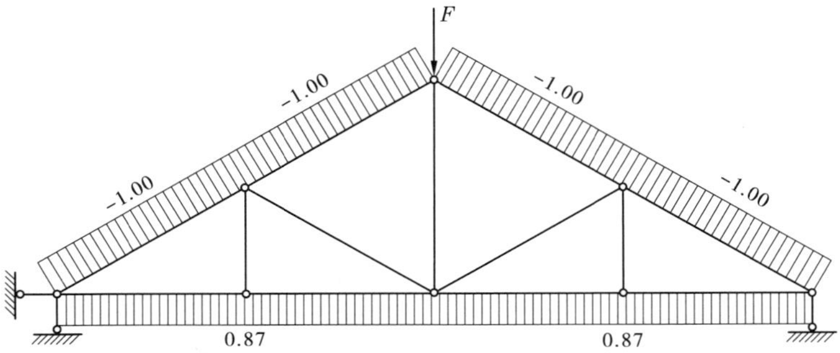

图 2-3-4　四跨三角形桁架在顶点结点施加结点荷载计算简图及轴力图　(单位:kN)

从轴力图可以看出其受力特点为:只有弦杆受力,腹杆全部为零杆,且所有上弦杆件受力相同,所有下弦杆件受力相同。

(二)三角形屋架

在实际工程中,三角形屋架结构的上弦杆件和下弦杆件往往是一根通长杆件,并不像

图 2-3-4 中所示各个杆件均在结点处断开,也就是说,在实际工程中采用的三角形屋架计算简图如图 2-3-5 所示。这种结构形式在结点荷载作用下,各个杆件的轴力大小和图 2-3-4 所示的杆件轴力大小相同。但若考虑杆件的轴向变形,在杆件上便会产生弯矩,弯矩图如图 2-3-6 所示。

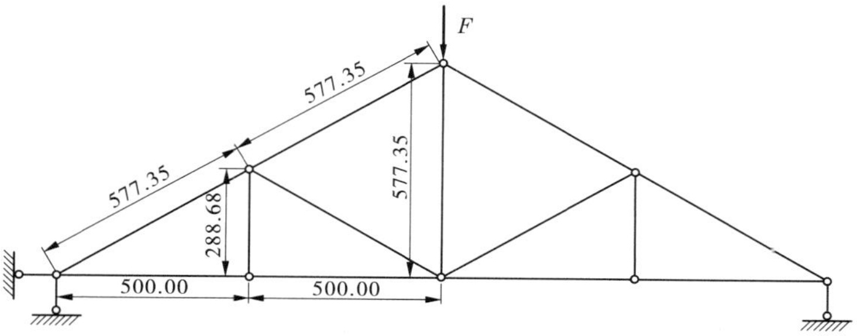

图 2-3-5　传统三角形屋架计算简图　(单位:mm)

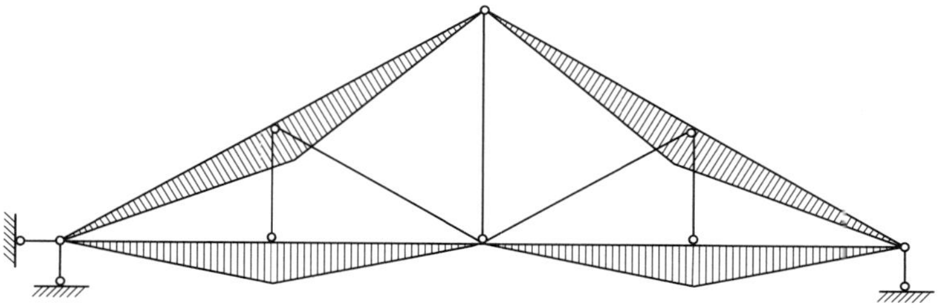

图 2-3-6　传统三角形屋架弯矩图

实验四　构件内力分布及挠度测试实验——H 型钢梁弯曲实验

梁是工程中常用的受弯构件。梁受弯时，产生弯曲变形，在结构设计和强度计算中经常要涉及梁的弯曲正应力的计算，在工程检验中，也经常通过测量梁的主应力大小来判断构件是否安全，也可采用通过测量梁截面不同高度的应力来寻找梁的中性层。

一、实验目的

1. 用应变电测法测定 H 型钢简支梁纯弯曲时横截面上的应力分布规律。
2. 验证纯弯梁的弯曲正应力公式。
3. 观察 H 型钢梁在不同使用方式下的应力变化特点。

二、实验原理

工程中常用的 H 型钢梁的安装及加载方式如图 2-4-1 所示，有时为了使用方便也可以将 H 型钢梁反转 90°，如加载架的上下横梁。其计算简图和内力图如图 2-4-2 和图 2-4-3 所示。

图 2-4-1　H 型钢梁实验装置安装图

梁纯弯曲时，根据平面假设和纵向纤维之间无挤压的假设，得到纯弯曲正应力计算公式为：

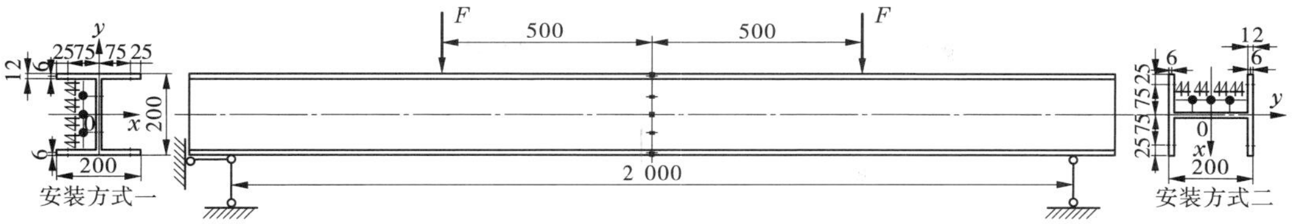

图 2-4-2　H 型钢梁计算模型　（单位：mm）

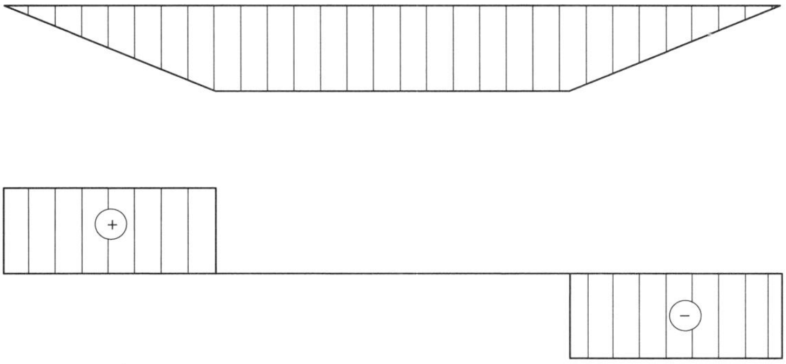

图 2-4-3　H 型钢梁内力图

$$\sigma = \frac{My}{I_z} \tag{2-4-1}$$

式中　M——弯矩；

I_z——横截面对中性层的惯性矩；

y——所求应力点的纵坐标（中性轴为坐标零点）。

由式（2-4-1）可知梁在纯弯曲时，沿横截面高度各点处的正应力按线性规律变化，根据纵向纤维之间无挤压的假设，纯弯梁中的单元体处于单纯受拉或受压状态，由单向应力状态的胡克定律 $\sigma = \varepsilon E$ 可知，只要测得不同梁高处的 ε，就可计算出该点的应力 σ，然后与相应点的理论值进行比较，以验证弯曲正应力公式。

三、加载测试方案

（一）实验模型及加载方式

安装好的结构模型如图 2-4-1 所示，滑动小车固定在下部移动横梁上，滑动小车上安装有正交铰支座，H 型钢梁安装在正交铰支座上，加载油缸安装在上横梁上，通过手动泵结合安装在手动泵上的换向阀可以使油缸活塞杆上下运动，从而对 H 型钢梁进行加载、卸载，油缸上的荷载通过分配梁一分为二分别加在 H 型钢梁的两个加载点上，实验时采用多组分级加载的方式进行加载。

（二）加载及模型配置

加载及模型配置见表 2-4-1。

表 2-4-1　加载及模型配置

物品名称	加载油缸	手动泵	滑动小车	正交铰支座	H 型钢梁
型号	200 kN	63 MPa	5 kN	200 kN	200 mm×200 mm×8 mm×12 mm
数量	1	1	2	4	1

注:加载油缸带相应传感器及加载调整杆。

四、具体实验内容

1. H 型钢梁强惯性轴纯弯曲实验(见图 2-4-2 安装方式一)。

在 H 型钢梁的三等分点处施加大小相等的集中荷载,测量 H 型钢梁不同截面位置处的应力,验证理论计算的正确性。

2. H 型钢梁弱惯性轴纯弯曲实验(见图 2-4-2 安装方式二)。

五、实验操作步骤

(一)实验准备

收集 H 型钢梁的设计参数,包括 H 型钢的截面尺寸、跨度、分配梁跨度等,同时收集荷载传感器的灵敏度系数及电阻应变片的粘贴位置、阻值、灵敏度系数、导线电阻等。

(二)安装实验模型及加载装置

调整各个滑动小车至安装位置,固定滑动小车并将正交铰支座安装在滑动小车的相应位置,然后将 H 型钢梁安装在正交铰支座的相应位置,通过手动泵调整油缸活塞杆使分配梁至合适位置。

(三)连接测试线路、设置测试参数及测试窗口等

具体操作参见第二部分实验一杆件结构的基本要素及实验装置的加载测试原理。

(四)预加载

在进行正式实验之前,首先要进行预加载,以确保实验设备和数据采集分析系统均能正常工作。一般取预估荷载的 10%作为预加荷载,观察、分析实验数据,检查实验装置、仪表是否工作正常,然后卸载。如有问题,要把发现的问题及时解决、排除。

(五)加载测试

首先预估实验最大荷载,经确认后可加载测试。在加载过程中,注意控制加载速度及最大荷载,应保证杆件的最大应变不超过 800 $\mu\varepsilon$,得到正确的三组数据后,可停止加载。

(六)实验数据分析

1. 验证数据

设置荷载-应变 X-Y 曲线,以观测数据的线性及重复性。数据应该为线性的且有较好的重复性。

2. 分析数据

将测得数据与计算的数据相比较,分析实验误差的大小及来源。

六、实验注意事项

1. 在安装铰结点盘时，应将结点盘及保护罩一起安装，待结点盘和杆件之间的螺栓拧紧以后再将保护罩取下。

2. 在安装杆件之前，首先要对可调杆件进行定长，将杆件端部的备紧螺栓拧紧。

3. 在加载过程中，不宜加载过快，利用砝码加载时应轻拿轻放，应保证测试数据的平稳。

4. 在利用加载小车加载时，应注意支座中心、加载杆件及加载点要共线，避免拉压过程中产生的荷载偏心，加载速度要适中，不要在转动加载手轮时增加多余的侧向力，以免影响实验数据。

实验五　内力及结点位移验证实验——焊接钢桁架结构静载实验

焊接钢架是工程中常用的结构形式，其杆件一般为角钢，这样做的原因在于在同等用钢量的情况下有利于提高杆件的抗压稳定性。焊接钢桁架在杆件交汇的地方设有连接板，杆件与连接板之间多采用满焊的方式，因此焊接钢架的结点既可传递轴力也可传递弯矩，可简化成刚结点，从结构力学对结构定义的本身出发，焊接钢架可谓典型的刚架。但实际工程中，焊接钢架杆件承受弯矩的能力往往远小于承受轴力的能力，多用于只承受结点荷载的场合，此时其内力与桁架内力相差很小，因此习惯上把本是典型刚架的焊接钢架称为钢桁架。

由于钢桁架本是具有刚架的特点，因此随着施加荷载的不同，在杆件上总会出现或多或少的由此弯矩引起的应力，由于人们把焊接钢架当成桁架来分析，不希望出现此应力，相对于轴力引起的应力弯矩引起的应力通常比较小，因此称为次应力，往往被忽略。对特定的结构，往往存在施加一个方向荷载时次应力现象不明显，而施加另外一个方向荷载时次应力的情况可能就会比较突出，结构局部甚至会出现很大的次应力，引起结构局部甚至整体的破坏。

一、实验目的

1. 测试焊接钢桁架在常规荷载作用下的轴力及弯矩，明白称其为钢桁架的原因。
2. 了解工程结构测试中型钢杆件应变片的布置方式。
3. 了解结构实验中固定铰支座与滑动铰支座的实现方法及布置准则。

二、实验原理

实际桁架的受力情况是比较复杂的，在理论计算中一般只是抓住主要矛盾，对实际桁架做必要的简化。通常在桁架的内力计算中采用下列假定：

(1)桁架的结点都是光滑的铰结点。

(2)各杆的轴线都是直线并通过铰的中心。

(3)荷载和支座反力都作用在结点上。根据铰结点的定义，实际工程中理想的桁架是不存在的，但人们还是习惯把一些结点性质类似铰结点或力学特性与桁架相似的，荷载类型为结点荷载的结构称为桁架，如钢屋架、刚架桥梁、输电线路铁塔、塔式起重机机架等习惯上都被称为桁架。

这里以焊接钢屋架(见图 2-5-1 和图 2-5-2)为例，来比较实际的桁架和理想桁架的差别。首先结点域的连接方式和理想铰结的假定是不一致的，焊接钢架的结点既可传递轴力也可传递弯矩，更接近于理想的刚接形式；其次上、下弦杆在结点处是连续不断的，而理想的桁架杆件在结点处是断开的。即便有如此差别，但前人的科学实验和工程实践证明，结点刚性等因素的影响一般来说对桁架是次要的。一般规定，按照上述假定计算得到的桁架内力称为主内力，由于实际情况与上述假定不同而产生的附加内力称为次内力。下面来看将桁架的结点取为刚结点对钢桁架内力分布的影响。

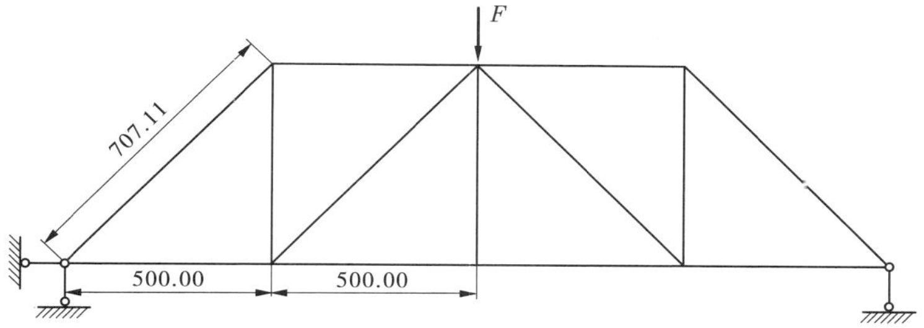

图 2-5-1　焊接钢桁架计算简图　（单位：mm）

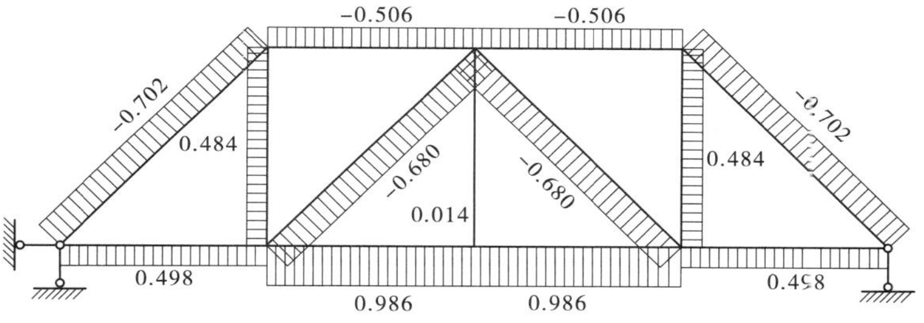

图 2-5-2　焊接钢桁架轴力图　（单位：kN）

将理想铰结点改为刚结点导致各杆件的轴力大小出现不同程度的变化，原来的零杆也有了很小的轴力，但除零杆之外其他各杆件轴力的变化幅度均小于其轴力值的 2%。原来的零杆为什么不再是零杆了呢？这是因为刚结点使杆件中产生了剪力的缘故，如果去取割离体来分析结点力的平衡，可以发现此时只有轴力分量的话，割离体是无法保持平衡的，无法平衡那部分分量同样需要剪力来平衡。但剪力分量相对较小，且在计算杆件的应力时贡献很小，这里就不再考虑剪力对应力的影响，所以在此并没有给出结构的剪力图。

图 2-5-3 给出了钢桁架的弯矩图，从图 2-5-3 中可以看出，在钢桁架内存在一定大小的弯矩，这部分弯矩就是所谓的次内力，由次内力产生的应力称为次应力，次应力究竟能在总的应力中产生多大比重呢？可以选择一个次内力最大的位置来分析。由双 40 号等边角钢焊接的钢桁架在如图 2-5-1 所示单位荷载作用（这里以 N 为单位）下，上弦杆的加载点附近次内力（弯矩）最大，而主内力（轴力）相对较小，这是一个次内力影响最为显著的位置，后文就以该位置为例进行分析。

$$\sigma_{主} = \frac{N}{A} = \frac{-0.506}{617.2} = -8.2\times10^{-4}(\mathrm{MPa}) \tag{2-5-1}$$

$$\sigma_{次} = \frac{M}{I_x}y = \frac{0.0036\times1000}{92000}\times11.3 = 4.4\times10^{-4}(\mathrm{MPa}) \tag{2-5-2}$$

由此可见，在次内力影响最显著的位置，由次内力产生的次应力仅是主内力产生应力

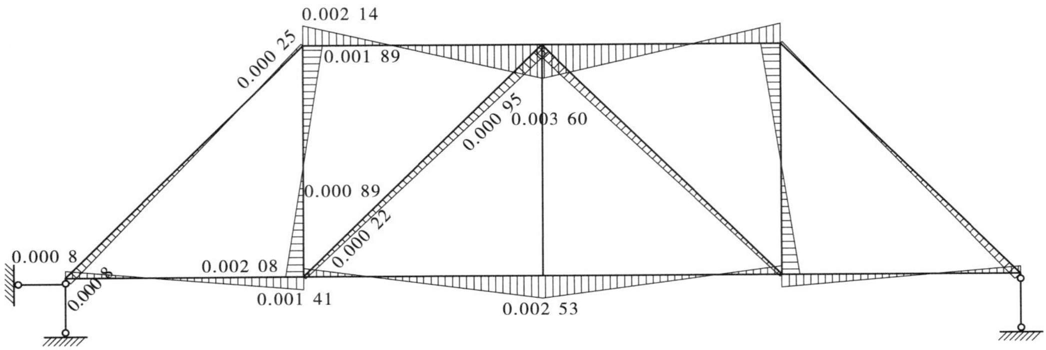

图 2-5-3　焊接钢桁架弯矩图　（单位：kN · m）

的一半左右，同时考虑到弯矩在结构内部是线性分布，从弯矩图 2-5-3 中也可以看出最大弯矩会很快减小到一个较低的水平，所以说弯矩次内力影响显著的区域会非常小。

通过以上分析可以看出，实际的桁架和理想桁架相比，在同样的荷载和支撑边界条件下会产生次内力，但这些次内力引起结构的应力通常比较小。这也是人们习惯把一些结点性质类似铰结点或力学特性与桁架相似的，荷载类型为结点荷载的结构称为桁架，并按照桁架的力学性质来进行结构计算或设计的依据。通过钢桁架实验就是为了验证这种选择依据的可靠性，解答很多同学对工程中的桁架并非理想桁架，但设计时依然采用理想桁架的力学模型进行设计的疑惑。

根据以上分析结合该结构的受力特点，实验时选择测量典型杆件的内力测试来验证上述内力分布规律。实验过程中内力通过杆件上粘贴的应变片测量，位移的测试通过位移计或百分表进行测量，需要注意的是由于角钢的非对称结构，在应变片的粘贴位置及计算方式较圆管或方管复杂一些，现以 40×4 角钢为例说明应变片粘贴准则及内力分析的方法。

焊接梯形钢桁架结构简图如图 2-5-4 所示，测试时在角钢的肢尖、肢背上各布置 2 片应变片，具体尺寸见应变片粘贴位置放大图。对于双角钢，可以根据其对称性确定其形心主轴，从而可以确定其平面弯曲的中性轴。在图 2-5-4 所示钢屋架结构中，根据其弯曲方向可以确定边厚为 4 mm 的 40 号双角钢截面的中性轴距底边 11.3 mm。我们知道弯矩在中性轴上产生的应力为 0，这样在双角钢的中性轴上粘贴电阻应变片，便可以直接测得杆件的轴力。为了得到弯矩的大小并验证弯矩在截面上的分布规律，在双角钢截面的上、中、下三个位置粘贴三组电阻应变片。假定测得的上、中、下三个位置应变片距离中性轴的距离分别为 $y_{上}$、$y_{中}$、$y_{下}$，它们的实测应变为 $\varepsilon_{上}$、$\varepsilon_{中}$、$\varepsilon_{下}$，则该杆件的轴力为

$$N = EA\varepsilon_{中} \tag{2-5-3}$$

截面弯矩的大小为

$$M = \frac{EI_y(\varepsilon_{上} \pm \varepsilon_{中})}{y_{上}} \quad 或 \quad M = \frac{EI_y(\varepsilon_{下} \pm \varepsilon_{中})}{y_{下}} \tag{2-5-4}$$

式(2-5-3)、式(2-5-4)中，当轴向应力和弯曲应力同为拉应力或压应力时，取正号；当

轴向应力和弯曲应力一个为拉应力、一个压应力时，取负号。

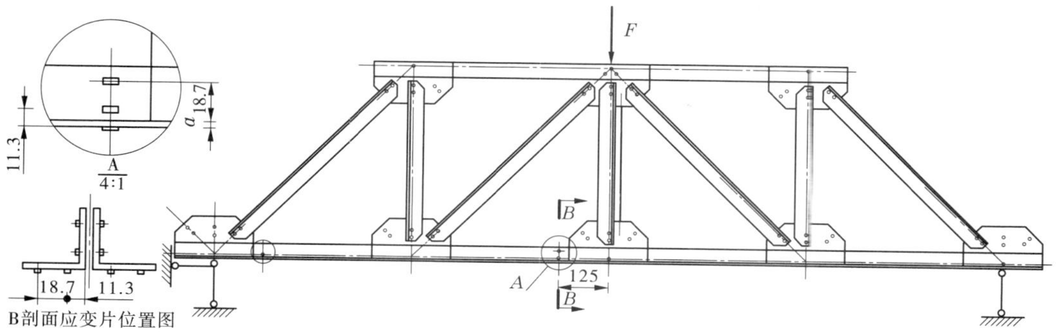

图 2-5-4 焊接梯形钢桁架结构简图 （单位：mm）

三、加载测试方案

（一）实验模型及加载方式

该实验在 YJ-ⅡD 型结构力学组合实验装置上进行，采用焊接钢桁架实验模型，通过液压油缸加载手动施加竖向荷载，荷载的大小通过拉压力传感器测量，杆件的轴力及不同位置弯矩通过粘贴在杆件不同部位的应变来测量，钢桁架的变形通过安装在支座和跨中的位移传感器测量。

安装好的结构模型如图 2-5-5 所示，下横梁上装有支墩，支墩上安装有正交铰支座，焊接钢桁架安装在正交铰支座上，加载油缸安装在上横梁上，通过手动泵结合安装在手动泵上的换向阀可以使油缸活塞杆上下运动，从而对钢桁架进行加载、卸载，实验时采用多组分级加载的方式进行加载。

图 2-5-5 焊接钢桁架竖向加载测试实验

（二）加载及模型配置

加载及模型配置见表 2-5-1。

表 2-5-1　加载及模型配置

物品名称	加载油缸	手动泵	支墩	正交铰支座	钢桁架
型号	200 kN	63 MPa	200 kN	200 kN	2 000 mm×500 mm
数量	1	1	2	2	1

注：加载油缸带相应传感器及加载调整杆。

四、具体实验内容及操作步骤简介

(一) 中间结点集中荷载实验

在中间结点施加竖向压荷载，测量杆件内力，分析次内力产生的影响。

(二) 两侧结点集中荷载实验

在两侧任一结点施加竖向压荷载，测量杆件内力，分析次内力产生的影响，分析次内力的影响是否和加载点有关。

五、实验操作步骤

(一) 实验准备

收集钢桁架的设计参数，包括角钢的截面尺寸、结点板的厚度、每跨尺寸、跨数等，同时收集荷载传感器的灵敏度系数及电阻应变片的粘贴位置、阻值、灵敏度系数、导线电阻等。

(二) 安装实验模型及加载装置

调整各个支墩至安装位置，并将正交铰支座安装在支墩的相应位置，然后将钢桁架安装在正交铰支座的相应位置，通过手动泵调整油缸活塞杆至合适位置。

(三) 连接线路及设置参数

连接测试线路、设置测试参数及测试窗口等。

(四) 预加载

在进行正式实验之前，首先要进行预加载，以确保实验设备和数据采集分析系统均能正常工作。一般取预估荷载的 10% 作为预加荷载，观察、分析实验数据，检查试验装置、仪表是否工作正常，然后卸载。如有问题，要把发现的问题及时解决、排除。

(五) 加载测试

首先预估实验最大荷载，经指导教师确认后可加载测试。在加载过程中，注意控制加载速度及最大荷载，应保证杆件的最大应变不超过 800 $\mu\varepsilon$，得到正确的三组数据后，可停止加载。

(六) 实验数据分析

1. 验证数据

设置荷载-应变 X-Y 曲线，以观测数据的线性及重复性。数据应该为线性的且有较好的重复性。

2. 分析数据

将测得数据与计算的数据相比较，分析实验误差的大小及来源。

六、其他相关实验项目

在上弦杆或下弦杆中间施加不大于 50 kg 的杆件荷载，分析、测试此时钢桁架的内力分布规律，验证此时的钢桁架是否还可以当作桁架来计算。

实验六　内力及结点位移验证实验——球结点钢桁架结构静载实验

桁架是指杆件由直杆组成,所有的结点均为铰结点的杆件结构。当荷载作用于结点上时,各杆内力主要为轴向拉力或压力,截面上的应力基本上均匀分布,可以充分发挥材料的作用。相对于承受轴力,桁架杆件承受弯矩的能力较弱,因此适合应用于荷载类型为结点荷载(结点拉压力)的结构。根据铰结点的定义,实际工程中理想的桁架是不存在的,但人们还是习惯把一些结点性质类似铰结点或力学特性与桁架相似的,荷载类型为结点荷载的结构称为桁架,如钢屋架、刚架桥梁、输电线路铁塔、塔式起重机机架等。

一、实验目的

1. 掌握理想桁架结构在结点荷载作用下的内力传递规律,认识零杆。
2. 了解工程结构中球结点的力学性质。
3. 了解结构实验中固定铰支座与滑动铰支座的实现方法及布置准则。

二、实验原理

球结点桁架结构是工程中常用的桁架结构形式,因其只承受结点荷载作用,所以计算时取作理想桁架结构。理想桁架中所有的结点均为铰结点,理想铰结点只能传递轴力,而不能传递弯矩,由于理想铰结点是不存在的,因此理想的桁架模型也就是不存在的。但若根据桁架结构的荷载特点,在杆件受力产生微小转角时,若结点只传递很小的弯矩,那么此时结构的力学特性就接近理想桁架结构的力学特性。采用结点的结构形式如图 2-3-1 所示。

梯形桁架是工程中常用的结构形式,简支的钢架桥、钢屋架多采用类似的结构形式,桁架一个支座为固定铰支座,一个支座为滑动铰支座,梯形桁架多采用跨距与层高相等的结构形式,典型四跨梯形桁架在中间结点施加竖向荷载时的计算简图及内力图见图 2-3-1、图 2-3-2 所示,桁架结构结点不传递弯矩,因此在单纯施加结点拉压力荷载时,桁架结构的杆件不承受弯矩,因此不必绘制弯矩图。

从图 2-3-2 内力图可以看出四跨梯形桁架结构按图 2-6-1 方式施加竖向荷载时,桁架结构的内力对称传递有明显的对称性,不同部位杆件内力种类、大小不同,且有明显差异,且对称轴上的竖腹杆为零杆。根据该结构的受力特点,实验时选择测量典型杆件的内力测试来验证上述内力传递规律。

三、加载测试方案

(一)实验模型及加载方式

该实验在 YJ-ⅡD 型结构力学组合实验装置上进行,采用球结点桁架实验模型,通过液压油缸加载手动施加竖向荷载,荷载的大小通过拉压力传感器测量,杆件的轴力及不同位置弯矩通过粘贴在杆件不同部位的应变来测量,球结点桁架的变形通过安装在支座和跨中的位移传感器测量。

安装好的结构模型如图 2-6-1 所示,下横梁上装有支墩,支墩上安装有正交铰支座,球结点桁架安装在正交铰支座上,加载油缸安装在上横梁上,通过手动泵结合安装在手动泵上的换向阀可以使油缸活塞杆上下运动,从而对桁架进行加载、卸载,实验时采用多组分级加载的方式进行加载。

图 2-6-1　焊接钢桁架竖向加载测试实验

(二)加载及模型配置

加载及模型配置见表 2-6-1。

表 2-6-1　加载及模型配置

物品名称	加载油缸	手动泵	支墩	正交铰支座	球结点桁架
型号	200 kN	63 MPa	200 kN	200 kN	2 000 mm×500 mm
数量	1	1	2	2	1

注:加载油缸带相应传感器及加载调整杆。

四、具体实验内容及操作步骤简介

(一)中间结点集中荷载实验

在中间结点施加竖向压荷载,测量杆件内力,分析次内力产生的影响。

(二)两侧结点集中荷载实验

在两侧任一结点施加竖向压荷载,测量杆件内力,分析次内力产生的影响,分析次内力的影响是否和加载点有关。

五、实验操作步骤

(一)实验准备

收集钢桁架的设计参数,包括角钢的截面尺寸、结点板的厚度、每跨尺寸、跨数等,同时收集荷载传感器的灵敏度系数及电阻应变片的粘贴位置、阻值、灵敏度系数、导线电阻等。

(二)安装实验模型及加载装置

调整各个支墩至安装位置,并将正交铰支座安装在支墩的相应位置,然后将钢桁架安装在正交支座的相应位置,通过手动泵调整油缸活塞杆至合适位置。

(三)连接线路及设置参数

连接测试线路、设置测试参数及测试窗口等。

(四)预加载

在进行正式实验之前,首先要进行预加载,以确保实验设备和数据采集分析系统均能正常工作。一般取预估荷载的10%作为预加荷载,观察、分析实验数据,检查实验装置、仪表是否工作正常,然后卸载。如有问题,要把发现的问题及时解决、排除。

(五)加载测试

首先预估实验最大荷载,经指导教师确认后方可加载测试。在加载过程中,注意控制加载速度及最大荷载,应保证杆件的最大应变不超过 800 $\mu\varepsilon$,得到正确的三组数据后,可停止加载。

(六)实验数据分析

1. 验证数据

设置荷载-应变 $X-Y$ 曲线,以观测数据的线性及重复性。数据应该为线性的且有较好的重复性。

2. 分析数据

将测得数据与计算的数据相比较,分析实验误差的大小及来源。

六、其他相关实验项目

杆件荷载试验:在上弦杆或下弦杆中间施加不大于 50 kg 的杆件荷载,分析、测试此时球结点桁架的内力分布规律,验证此时的球结点桁架是否还可以当作桁架来计算。

参考文献

[1] 李学罡,蔡明兮. 材料力学[M]. 长春:吉林科技出版社,2006.
[2] 张亦良. 工程力学实验[M]. 北京:北京工业大学出版社,2010.
[3] 刘礼华. 结构力学实验[M]. 武汉:武汉大学出版社,2010.
[4] 明哲,李春艳,高伟,等. 工程力学[M]. 西安:西安交通大学出版社,2011.
[5] 宋固全. 工程力学实验教程[M]. 西安:西南交通大学出版社,2012.
[6] 王莹. 材料力学实验指导书[M]. 郑州:黄河水利出版社,2012.
[7] 罗迎社,余小明. 工程力学[M]. 北京:北京大学出版社,2014.
[8] 张应红,杨孟杰. 材料力学实验指导书[M]. 西安:西安电子科技大学出版社,2016.
[9] 王焕定. 实验结构力学[M]. 哈尔滨:哈尔滨工业大学出版社,2016.
[10] 陈廷国. 实验结构力学[M]. 合肥:高等教育出版社,2019.
[11] 李君. 工程力学实验教程[M]. 长沙:中南大学出版社,2019.
[12] 徐志敏,刘书静,黄莺,等. 工程力学实验指导书[M]. 西安:西安交通大学出版社,2020.
[13] 邵俊华. 工程力学实验[M]. 武汉:华中科技大学出版社,2021.
[14] 刘五祥. 工程力学实验[M]. 上海:同济大学出版社,2021.
[15] 郑碧玉. 工程力学实验[M]. 西安:西安电子科技大学出版社,2021.
[16] 李皓玉,齐月芹,徐步青. 工程力学实验[M]. 北京:科学出版社,2022.
[17] 张坤强,姜德贵,马飞. 材料力学实验[M]. 郑州:黄河水利出版社,2022.
[18] 王彦生. 材料力学实验[M]. 2 版. 北京:中国建筑工业出版社,2022.